物联网技术应用教程

主　编　钟耀霞
副主编　唐　骞　王　莉　聂小燕
参　编　周远举　刘思怡　张　燕

北京理工大学出版社
BEIJING INSTITUTE OF TECHNOLOGY PRESS

内 容 简 介

本书旨在培养学生形成物联网系统的全局意识，帮助学生体会物联网系统在现代生活中的应用，使学生能够建设小型智慧项目。本书选择的项目从开发环境搭建、传感器数据采集、网络通信、编译环境搭建、系统编程、嵌入式中心服务器搭建等方面，对物联网产品数据采集技术进行介绍，内容涵盖相关工程技术领域的新知识和工作实践经验，就 5G 物联网产品开发过程、技术细节等进行讲解和指导，以达到帮助学生清晰地了解物联网应用的方式与效果，针对物联网环境监测产品设计开发具体应用的目的。

本书既可作为物联网及相关行业从业人员的参考书，也可作为物联网工程、传感网技术、计算机、电子、通信等专业相关课程的实训教材。

图书在版编目（CIP）数据

物联网技术应用教程 / 钟耀霞主编. --北京：北京理工大学出版社，2023.8

ISBN 978-7-5763-2728-1

Ⅰ. ①物… Ⅱ. ①钟… Ⅲ. ①物联网–高等学校–教材 Ⅳ. ①TP393.4 ②TP18

中国国家版本馆 CIP 数据核字（2023）第 149098 号

责任编辑：李　薇　　文案编辑：李　硕
责任校对：刘亚男　　责任印制：李志强

出版发行 / 北京理工大学出版社有限责任公司
社　　址 / 北京市丰台区四合庄路 6 号
邮　　编 / 100070
电　　话 / （010）68914026（教材售后服务热线）
　　　　　（010）68944437（课件资源服务热线）
网　　址 / http：//www.bitpress.com.cn

版 印 次 / 2023 年 8 月第 1 版第 1 次印刷
印　　刷 / 河北盛世彩捷印刷有限公司
开　　本 / 787mm×1092mm　1/16
印　　张 / 10.5
字　　数 / 244 千字
定　　价 / 88.00 元

前　言

物联网是信息产业继计算机、互联网和移动通信之后的第四次革命，目前已被正式列为国家重点发展的战略性新兴产业之一。物联网产业具有产业链长、涉及多个产业群的特点，其应用范围几乎覆盖了各行各业，被认为是振兴经济、确立竞争优势的关键技术。因为其对传统生产及应用领域的巨大促进作用，物联网产业受到了各级政府的高度重视，被列为国家重点发展的新兴战略性产业，已经成为许多省(市)重点发展的支柱性产业，由此催生了大量对物联网专业人才的需求。

本书以项目驱动为导向，分为4个部分，每个部分都以一个项目为例进行介绍。4个项目的侧重点不同，分别从开发环境搭建、传感器数据采集、网络通信、编译环境搭建、系统编程、嵌入式中心服务器搭建等几方面，对物联网产品数据采集技术进行介绍。项目1和项目2涵盖相关工程技术领域和工作实践，可以为相关工作提供参考借鉴；项目3和项目4适合作为学生在校期间学习、参加竞赛或做相关技术方向的毕业设计的范例。本书内容结合专业技能与知识，深入挖掘思政元素，设置"思政课堂"，以故事为主线，让思政教育不仅有深度，还有温度，弘扬优秀传统文化和核心价值观，融入专业精神、职业精神和工匠精神。

电子科技大学成都学院钟耀霞对本书的编写思路与大纲进行了总体策划，并指导全书的编写工作，为全书加入思政元素，对全书的内容进行了统稿和定稿。钟耀霞、电子科技大学成都学院聂小燕和四川学到牛科技有限公司周远举编写了项目1和项目2，电子科技大学成都学院王莉编写了项目3，电子科技大学成都学院唐骞编写了项目4。在本书编写过程中，电子科技大学成都学院张燕和四川现代技术学院刘思怡提供了宝贵经验，在此表示感谢。

本书与四川学到牛科技有限公司合作，引进了企业导师周远举，同企业技术人员一起确定项目内容，使本书的内容更具有实际意义。本书在调研和问卷的基础上统计分析，得出物联网专业需要培养的学生的核心技术能力。本书内容按照项目编写，再细分成子任务，层层递进，逻辑前后联系，组成了一个比较完整的知识和技能体系。

　　本书在编写过程中参考了不少同行编写的优秀教材和设计实例，从中得到了不少启发和经验，在此致以诚挚的感谢，另外还要感谢北京理工大学出版社的编辑的悉心策划和指导。

　　虽然编者尽了最大的努力，但由于学识水平有限，书中难免会有不妥之处，望读者和专家指正并提出宝贵意见，以便进一步修改和提高。

编　者

2023 年 6 月

目　录

项目 1
智能小车

 1.1　项目概况

▶▶▶| **1.1.1　项目背景** ▶▶▶ ▶

　　智能小车是现代的新发明，也是人工智能的发展方向，它可以按照预先设定的模式在一个环境里自动运作，不需要人为管理，可应用于科学勘探等用途。智能小车能够实时显示时间、速度、里程，具有自动循迹、障碍物检测、超声波测距等功能，支持程控行驶速度、准确定位停车和远程传输图像。

　　智能小车可以分为 3 个部分——传感器部分、控制器部分、执行器部分。

　　传感器部分：机器人用来读取各种外部信号的传感器，以及控制机器人行动的各种开关，好比人的眼睛、耳朵等感觉器官。

　　控制器部分：接收传感器部分传递过来的信号，并根据事前写入的决策系统(软件程序)，来决定机器人对外部信号的反应，将控制信号发给执行器部分，好比人的大脑。

　　执行器部分：驱动机器人做出各种行为，包括发出各种信号(点亮发光二极管、发出声音)的部分，并且可以根据控制器部分的信号调整自己的状态(对机器人小车来说，最基本的就是轮子)，好比人的四肢。

▶▶▶| **1.1.2　软硬件资源** ▶▶▶ ▶

　　硬件：计算机、掌控板、智能小车套件、手机等智能设备终端。

　　软件：Windows 7/10、CentOS 7、阿里云服务器、SQLite/MySQL 数据库、串口工具。

　　软件开发板主要有以下资料(电子附件里提供)。

　　Datasheet：各种软硬件的英文文档。

　　Tools：各种软件、驱动、调试工具等。

　　Sourcecode：编译和烧录相关脚本。

▶▶▶ 1.1.3 项目成果 ▶▶▶

智能小车软件下载成功后，可以实现自动循迹、障碍物检测、超声波测距等功能，图1-1所示是智能小车完成效果图。

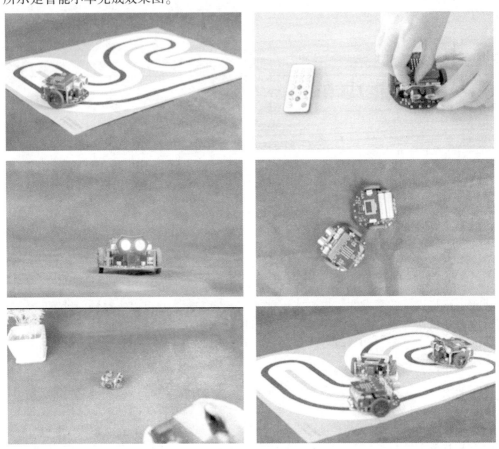

图 1-1 智能小车完成效果图

▶▶▶ 1.1.4 思政课堂 ▶▶▶

思政小故事｜艾爱国：劳模制造，必是精品

艾爱国是从湘钢走出来的焊接大师。从世界最长跨海大桥——港珠澳大桥，到亚洲最大深水油气平台——南海荔湾综合处理平台，在这些国内国际超级工程中，都活跃着他的身影；从助力中国船舶制造业提升国际竞争力，比肩世界一流水平，到突破国外企业"卡脖子"，填补国内技术空白，都离不开他的焊接绝活。凭借一身绝技、执着追求，他在2021年被中共中央授予"七一勋章"。20世纪80年代，他采用交流氩弧焊双人双面同步焊技术，解决了当时世界最大的3万立方米制氧机深冷无泄漏的"硬骨头"问题；20世纪末，他带领团队10年攻坚，打破国外技术垄断，填补国内空白，实现大线能量焊接用钢国产化；花甲之年，他带领团队解决工程机械吊臂用钢面临的"卡脖子"问题，大幅度降低中国工程机械生产成本；他主持的"氩弧焊接法焊接高炉贯流式风口"项目获得国家科技进步二等奖，申报专利6项，获发明专利1项。他用50多年的时间，实现了自己最初立下的"攀登技术高峰"的目标。

他是工匠精神的杰出代表，荣获多项国家级荣誉。他坚守焊工岗位50余年，为冶金、矿山、机械、电力等国家重点行业攻克400多项焊接技术难题，改进焊接工艺100多项。他年过七旬，仍奋斗在科研生产第一线，是当之无愧的焊接行业领军人。

 1.2　开发板环境搭建

▶▶▶ 1.2.1　硬件资源介绍 ▶▶ ▶

注意事项如下。

（1）严禁使用蛮力拔出小车轮子，这样会损坏电机。

（2）安装电池后，激活并开机后电源指示灯不亮，请检查电池正负极方向。

（3）电池仅支持2节3.7 V锂电池，不支持干电池。

（4）充电时，应取下电池，使用专用充电器充电。

1. 掌控板简介

掌控板集成了ESP32主控芯片及各种传感器和执行器，同时使用金手指的方式引出了所有IO口，性能强劲，扩展性强，图1-2所示是掌控板外观和引脚。

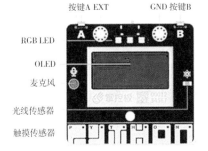

图1-2　掌控板外观和引脚

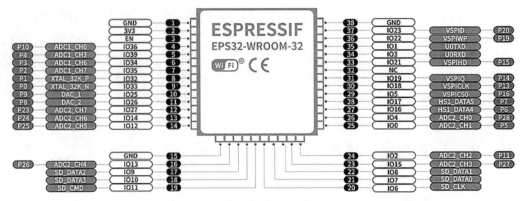

图 1-2　掌控板外观和引脚（续）

技术规格如下。

（1）ESP32 主控芯片，处理器：Tensilica LX6 双核处理器（一核处理高速连接，另一核独立应用开发），主频高达 240 MHz。

（2）SRAM：520 KB；Flash：8 MB。

（3）Wi-Fi 标准频率：2.4～2.5 GHz。

（4）蓝牙协议：符合蓝牙 v4.2 BR/EDR 和 BLE 标准。

（5）板载元件：3 轴加速度传感器 MSA300、磁场传感器、光线传感器、麦克风、3 颗全彩 ws2812 灯、1.3 英寸（1 英寸＝2.54 厘米）OLED 显示屏（支持 16×16 点阵字符显示，分辨率为 128 像素×64 像素）、无源蜂鸣器（支持 2 个物理按键（A/B））、6 个触摸按键。

图 1-3 所示是引脚说明。

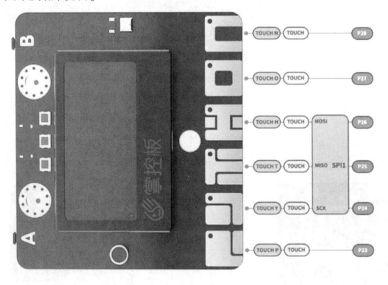

图 1-3　引脚说明

2. 智能小车简介

智能机器人配备 N20 金属减速电机、电源指示 LED、可编程 LED、电机驱动系统、锂电池供电及保护系统、一键开关启动、3 路巡线传感器；可选 RGB LED 模块/超声波模块作为机器人的眼睛；可扩展 1 路 3P GVS 传感器接口、1 路 I2C 扩展接口。图 1-4 所示是智能小车部分说明。

引脚功能图如下所示：

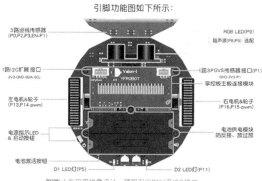

- 3路巡线传感器
  (P0,P2,P3,EN-P1)
- 1路I2C扩展接口
  3V3-GND-SDA-SCL
- 左电机&轮子
  (P13,P14-pwm)
- 电源指示LED
  & 启动按钮
- 电池激活按钮
- D1 LED灯(P5)

- RGB LED(P9)
- 超声波(P8,P9) 选配
- 1路3PGVS传感器接口(P1)
  GND-3V3-P1
- 掌控板主板连接模块
- 右电机&轮子
  (P16,P15-pwm)
- 电池供电模块
  防反接、放过放
- D2 LED灯(P11)

智能小车采用叠叠设计，顶层引出P1以及I2C接口。
可以额外扩展其他传感器模块。

- 供电电压：7.4 V（普通干电池不可用）
- 防反接、防过放、一键激活锂电池组模块
- 一键启动开关 x1
- 电源指示灯 x1
- 红外巡迹传感器（数字信号）x3
- LED （数字信号）x2
- 扩展口3P接口（GVS）x1
- 扩展口I2C接口 x1
- N20金属减速电机 x2
- 电机最大转速：110转/分
- 小车尺寸（长x宽x高）：90mmx90mmx52mm
- 净重：109克(不含电池及传感器)

配套引脚分配图

Pins Map

Arduino

左电机(MotorL)	方向(DIR):D4	速度(PWM):D5
右电机(MotorR)	方向(DIR):D9	速度(PWM):D6
超声波(Ultrasonic)	Trig:D12	ECHO:D13
蜂鸣器(Buzzer)	D11	
循迹(Line-Follow)	A0,A1,A2,A3,A6	En:D10
RGB灯(RGBLED)	D13	
LED(LED)	D0,D1	
左测速(EncoderL)	D2,D7	
右测速(EncoderR)	D3,D8	
电压检测(VBAT)	A7	

Micro:Bit

左电机(MotorL)	方向(DIR):P13	速度(PWM):P14
右电机(MotorR)	方向(DIR):P15	速度(PWM):P16
超声波(Ultrasonic)	Trig:P5	ECHO:P11
蜂鸣器(Buzzer)	P0	
循迹(Line-Follow)	P1,P2,P8	En:P12
RGB灯(RGBLED)	P11	
LED(LED)	P9,P10	

掌控板

左电机(MotorL)	方向(DIR):P13	速度(PWM):P14
右电机(MotorR)	方向(DIR):P15	速度(PWM):P15
超声波(Ultrasonic)	Trig:P8	ECHO:P9
蜂鸣器(Buzzer)	P6	
循迹(Line-Follow)	P0,P2,P3	En:P1（扩展口）
RGB灯(RGBLED)	P9	
LED(LED)	P5,P11	

01

TI原装进口驱动器，
单路驱动电流高达1.8A。

注：所有PCB板均采用沉金工艺。

02

轻触按键+电源管理替换
传统的机械开关，使用
寿命更长。

03

金属电机，有钯碳刷，板
对板连接，牢固可靠。

04

精工锂电池保护方案
+镀金电池盒。

集成防过载、过放、过充、短路、反接
五大保护功能。

05

电池盒与底层板的连接采用
公母排针对插，严丝合缝。
拧好固定螺丝即可。

06

金手指专用插槽，长期插
拔不松动。主板与底层板使
用0.8U镀金排针连接。

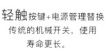

图1-4　智能小车部分说明

1.2.2 阿里云服务器环境安装

1. 串口驱动安装

通过掌控板 USB 串口，既可以下载程序文件，又可以进行通信调试。要安装串口驱动，可先在工具包中找到驱动程序文件 CH343SER. ZIP，解压该文件，然后在 Driver 目录中找到 SETUP. EXE 文件，双击该文件即可安装驱动。图 1-5 所示是安装步骤 1。

图 1-5　安装步骤 1

正确安装驱动文件之后，将掌控板通过 USB 串口线连接到计算机，就可以在设备管理器中找到该设备对应的串口(端口)。图 1-6 所示是安装步骤 2。

图1-6 安装步骤2

2. 阿里云远程工具

要使用阿里云服务器,可通过软件PuTTY进行。双击文件putty.exe,输入IP地址、账户名和密码远程登录,登录后即可正常进行操作。图1-7所示是远程登录步骤。

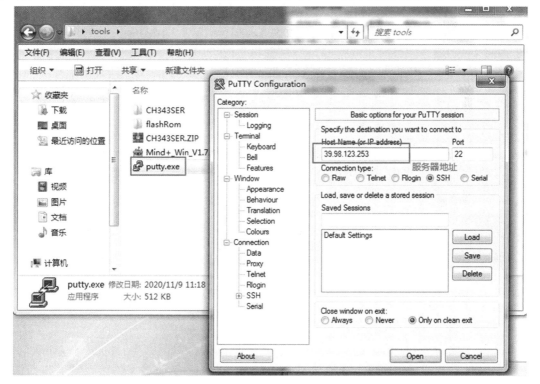

图1-7 远程登录步骤

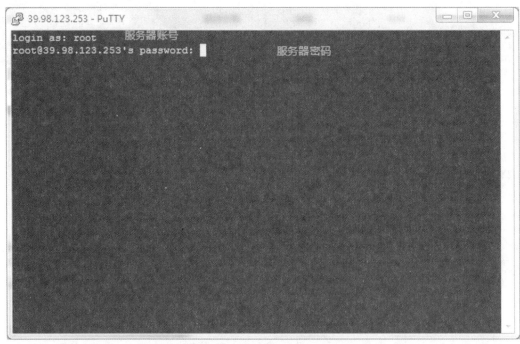

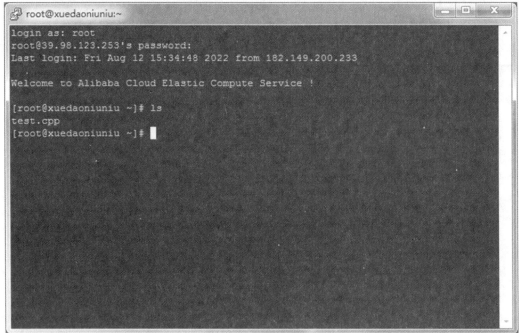

图 1-7　远程登录步骤（续）

3. 程序编译

编写一个名为 dfrobot. ini. cpp 的源文件，然后依次执行以下命令：build. sh→link. sh→genbin. sh。执行完成后，即可生成镜像文件 dfrobot. ini. bin，该镜像文件可以被下载到掌控板中，图 1-8 所示是程序编译步骤。

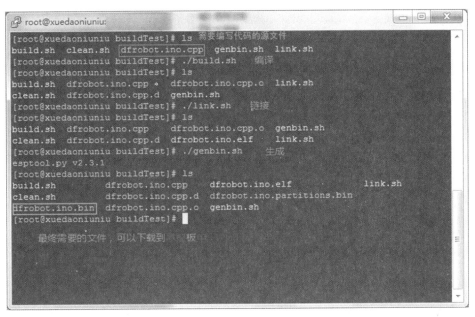

图 1-8　程序编译步骤

4. 程序下载

将阿里云服务器生成的镜像文件 dfrobot. ino. bin 下载到本地，在本地通过串口将镜像文件下载到开发板中。

可以通过工具下载镜像文件。双击文件 psftp. exe，图 1-9 所示是程序下载步骤。

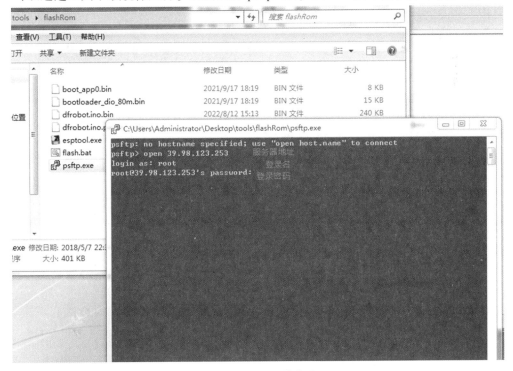

图 1-9　程序下载步骤

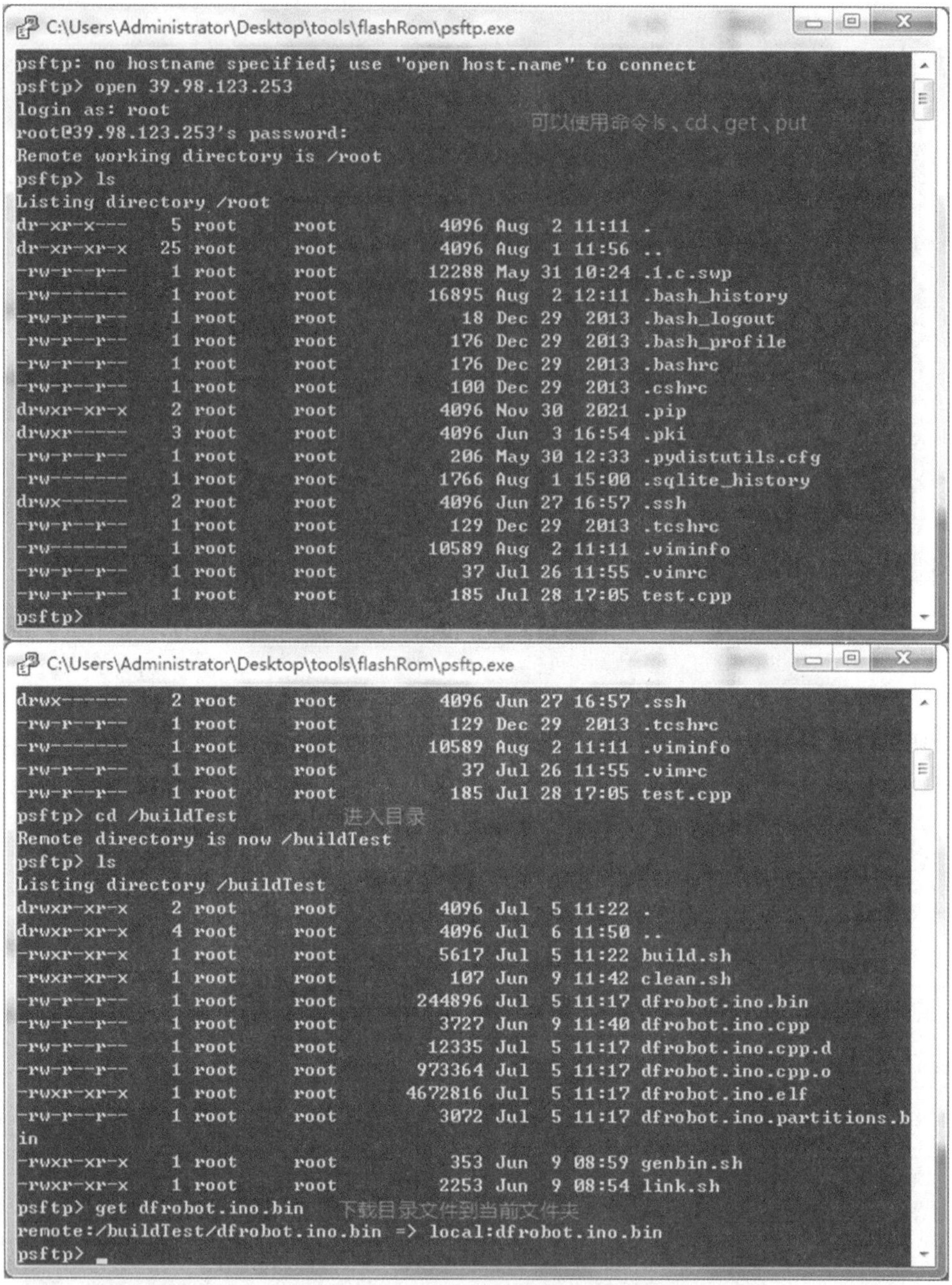

图 1-9　程序下载步骤（续）

　　将镜像文件从阿里云下载到本地后，可以通过 flash. bat 批处理文件进行镜像文件烧录，图 1-10 所示是镜像文件烧录步骤。执行批处理命令需要满足以下条件。

　　（1）flash. bat 文件中的 COM 口和设备 COM 口应一致，图 1-10 中都为 COM4。

　　（2）flash. bat 文件必须同时包含以下文件：boot_app0. bin、bootloade_dio_80m. bin、dfrobot. ino. bin、dfrobot. ino. partitions. bin、esptool. exe。

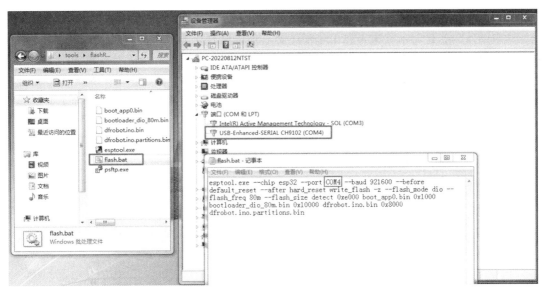

图1-10 镜像文件烧录步骤

执行批处理命令后，即可将镜像文件烧录到掌控板，图1-11所示是烧录至掌控板步骤。

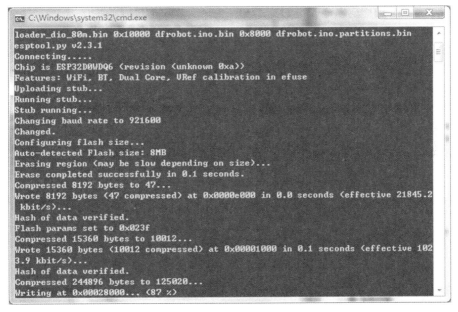

图1-11 烧录至掌控板步骤

▶▶▶ 1.2.3 思政课堂 ▶▶▶

思政小故事 | 刘湘宾：矢志奋斗 只争朝夕

刘湘宾参加工作40多年，就当了22年数控组组长。他所带领的团队主要承担国家防务装备惯导系统关键件、重要件的精密和超精密车铣加工任务。他加工的惯性导航产品支持了40余次国家防务装备、重点工程、载人航天、探月工程等大型飞行试验任务。他圆满完成了长征系列火箭导航产品关键零件、卫星重要部件、神舟 12 号载人飞船重要部件等生产任务。他率领团队在行业内首次实现了球形薄壁石英玻璃的加工需求，突破了该研制任务的关键技术瓶颈。他的研究成果可推广应用于航空、船舶等重要部件的硬脆材料精密加工，为我国新型防务装备、卫星研制生产提供了技术支撑和保障，获得了显著的经济效益和社会效益。他还通过持续创新改进工艺方法，开展了大量试验，成功将陶瓷类产品的加工合格率提高到 95.5% 以上，加工效率提高 3 倍以上。

阅兵式上的防务装备、奔月的"嫦娥"、入海的"蛟龙"、导航的"北斗"等大国重器导航系统的关键零部件——陀螺仪，有很多出自他和他的团队。他从事铣工 38 年，练出了将陀螺仪精度加工到微米和亚微米级的绝活，以精准的导航擦亮大国重器的"眼睛"，在以微米度量的世界中不断超越，一次又一次再创辉煌。

1.3 掌控物联网

▶▶▶ 1.3.1 掌控传感器 ▶▶▶ ▶

1. 触摸

智能手机上大多都有一个触摸按键，通过手指触摸可以触发相应的功能。触摸按键可以分为 4 类：电阻式触摸按键、电容式触摸按键、表面声波感应按键、红外线感应按键。目前大部分的智能手机都采用电容式触摸按键。电容式触摸按键的原理是人体感应电容来检测手机是否存在，如果用手指触摸屏幕，就会对电流产生一定的感应，从而可以操作智能手机。

在掌控板上也有 6 个触摸按键，分别用字母 P、Y、T、H、O、N 表示，起到开关作用，6 个触摸按键的金色区域为可触发区域。图 1-12 所示是触摸程序。

```
1    #include <MPython.h>
2    // 函数声明
3    void pin27TouchCallback();
4    void pin14TouchCallback();
5
6    // 主程序开始
7    void setup() {
8        mPython.begin();
9        touchPadP.setTouchedCallback(pin27TouchCallback);
10       touchPadY.setTouchedCallback(pin14TouchCallback);
11   }
12   void loop() {
13
14   }
15
16   // 事件回调函数
17   void pin27TouchCallback() {
18       display.setCursor(16, 22);
19       display.print("一");
20   }
21   void pin14TouchCallback() {
22       display.setCursor(32, 22);
23       display.print("起");
24   }
```

图 1-12 触摸程序

2. 屏幕显示

掌控板板载 1.3 英寸 OLED 显示屏，分辨率为 128 像素×64 像素，采用 Google Noto Sans CJK 开源无衬线字体。字体高度为 16 点，支持简体中文、繁体中文、日文和韩文。

文字移动的两个方向构成了 xy 平面直角坐标系。水平方向用 x 轴表示，垂直方向用 y 轴表示。

在数学中是这样定义平面直角坐标系的：在平面内画两条互相垂直并且有公共原点的数轴，其中横轴为 x 轴，纵轴为 y 轴，这样就说在平面上建立了平面直角坐标系，简称直角坐标系。

掌控板屏幕分辨率为 128 像素×64 像素，所以 x 轴的数值为 0~127，y 轴的数值为 0~63。图 1-13 所示是平面直角坐标系，图 1-14 所示是图片显程序，图 1-15 所示是文字和动画显示程序。

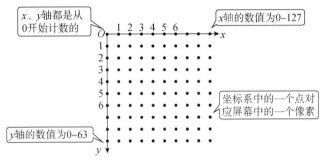

图 1-13　平面直角坐标系

```
1    #include <MPython.h>
2    // 函数声明
3    void onButtonAPressed();
4    // 种态写量
5    const uint8_t imageMatrix[][250] = {
6      {0x0,0x0,0x0,0x1f,0x80,0x0,0x0,0x0,0x0,0x0,0x0,0x30,0xc0,0x0,0x0,0x0,0x0,0x0,
7        0x60,0x60,0x0,0x0,0x0,0x0,0x0,0x40,0x20,0x0,0x0,0x0,0x0,0x40,0x20,
8        0x0,0x0,0x0,0x0,0x0,0x40,0x20,0x0,0x0,0x0,0x0,0x60,0x60,0x0,0x0,
9        0x0,0x0,0x0,0x30,0xc0,0x0,0x0,0x0,0x0,0x0,0x33,0x80,0x0,0x0,0x0,0x1e,
10       0x0,0x22,0x0,0x0,0x33,0x80,0x0,0x62,0x0,0x3c,0x0,0x0,0x60,0xc0,
11       0x46,0x0,0xee,0x0,0x0,0x40,0xc0,0xc6,0x1,0x53,0x0,0xc0,0x40,0x86,
12       0x1,0x1,0x80,0x0,0x40,0xc1,0x8c,0x1,0x1,0x80,0x0,0x7c,0x9f,0xff,0x1,
13       0x1,0x80,0x0,0x37,0x98,0x2,0x81,0xa3,0x0,0x0,0x24,0x30,0x0,0x83,0x26,
14       0x0,0x0,0x64,0x30,0x0,0xc6,0x7c,0x0,0x0,0xc7,0xff,0xff,0xf8,0x40,0x0,
15       0x7f,0xff,0xff,0xff,0xff,0xfc,0x0,0xfe,0x0,0x0,0x0,0x1,0xff,0xc0,0xc0,
16       0x0,0x0,0x0,0x0,0x1,0xc0,0xc0,0x0,0x0,0x0,0xc0,0xc0,0x0,0x0,
17       0x0,0x0,0x0,0xc0,0xc0,0x0,0x0,0x0,0x0,0xc0,0xc0,0x0,0x0,0x0,
18       0x0,0xc0,0xc0,0x0,0x0,0x0,0x0,0xc0,0xc0,0xdc,0x0,0x0,0x3,0xf9,
19       0x80,0xcf,0xff,0xff,0xfc,0x5,0x80,0xcb,0xff,0xff,0xff,0xff,0xf5,
20       0x80,0xcb,0xf8,0xff,0xff,0x9f,0xf9,0x80,0xcb,0xf8,0x7f,0xff,0xf,0xf9,
21       0x80,0xcb,0xf8,0x7f,0xff,0xe9,0x80,0xcb,0xf8,0xf7,0xff,0xf,0xe9,
22       0x80,0x4b,0xf8,0x7f,0xff,0xf,0xe9,0x80,0x68,0x7c,0x7f,0xff,0x1f,0xf1,
23       0x80,0x63,0x87,0xff,0xff,0x93,0x80,0x60,0x38,0x7f,0xff,0xf0,0x33,
24       0x0,0x60,0x3,0x8f,0xfe,0x0f,0x83,0x0,0x60,0x0,0x38,0x3,0x0,0x0,
25       0x60,0x0,0x7,0xf8,0x0,0x3,0x0,0x60,0x0,0x0,0x3,0x0,0x60,0x0,
26       0x0,0x0,0x3,0x0,0x60,0x0,0x0,0x0,0x3,0x0,0x60,0x0,0x0,0x0,
27       0x6,0x0,0x60,0x0,0x0,0x6,0x0,0x60,0x0,0xff,0xff,0xff,0x0,0x7f,
28       0xff,0xff,0xff,0xff,0xfe,0x0,0x7f,0xff,0xff,0xff,0xff,0xfe,0x0}
29    };
30
31
32    // 主程序开始
33    void setup() {
34      mPython.begin();
35      buttonA.setPressedCallback(onButtonAPressed);
36    }
37    void loop() {
38
39    }
40
41    // 事件回调函数
42    void onButtonAPressed() {
43      display.fillScreen(0);
44      display.drawImage(39, 7, 50, 50, imageMatrix[0]);
45    }
46
```

图 1-14　图片显示程序

```
#include <MPython.h>

// 动态变量
volatile float g_posx;
// 静态常量
const uint8_t imageMatrix[][240] = {
    {0x0,0x0,0x0,0x0,0x0,0x0,0x0,0x0,0x0,0x0,0x0,0x3,0x10,0x0,0x0,0x0,0x0,0x0,0x31,0x8f,0x3f,0x8,0x0,0x0,0x0,0x3,0x31,
    0x9c,0x7b,0x88,0x0,0x0,0x0,0x2,0x23,0xdc,0xf3,0xd0,0x0,0x0,0x0,0x3,0xe2,0xdc,0x7a,0x50,0x0,0x0,0x0,0x3,0xe6,0x7f,
    0xfe,0x20,0x0,0x0,0x0,0x2,0x7,0xef,0xa4,0x0,0x0,0x0,0x0,0x2,0x4,0x6c,0x20,0x40,0x0,0x0,0x0,0x1,0x18,0x38,0x60,0xc0,
    0x0,0x0,0x0,0x2,0x18,0x3c,0x30,0x80,0x0,0x0,0x0,0x2,0x18,0x18,0x20,0x80,0x0,0x0,0x0,0x0,0x0,0x8,0x0,0x0,0x0,0x0,
    0x0,0x0,0x0,0x0,0x0,0x0,0x0,0x0,0x0,0x0,0x0,0x0,0x0,0x0,0x0,0x0,0x0,0x0,0x0,0x1,0x0,0x0,0x0,0x0,0x0,0x0,0x0,0x0,
    0x0,0x0,0x0,0x0,0x0,0x0,0x0,0x40,0x0,0x0,0x0,0x0,0x0,0xf8,0x80,0xc0,0x42,0xf0,0x3,0x0,0x18,0xe6,0x80,0x80,0x67,
    0x98,0xc2,0x80,0x18,0xc0,0x98,0x0,0x34,0x81,0xe4,0x40,0x10,0xd0,0x99,0x0,0x18,0xc1,0xa4,0x40,0x14,0xd9,0x5a,0x0,
    0x8,0xf3,0x64,0x80,0x12,0xd8,0xd8,0x0,0x10,0x91,0xf6,0x0,0x11,0xc0,0x6a,0x0,0x10,0x83,0x37,0x0,0x11,0xc0,0x6c,0x0,
    0x20,0x86,0x14,0x80,0x11,0xc0,0x64,0x0,0x20,0x8c,0xc,0x40,0x10,0xfe,0x4,0x0,0x60,0xfc,0xc,0x40,0x0,0x0,0x0,0x0,
    0x40,0x0,0x0,0x0,0x0,0x0,0x0,0x0,0x0,0x0,0x0,0x0}
};


// 主程序开始
void setup() {
    mPython.begin();
    g_posx = 26;
    for (int index = 0; index < 5; index++) {
        display.fillScreen(0);
        display.rect(16, 11, 5, 40, true);
        display.line(21, 14, g_posx, 14);
        display.line(21, 47, g_posx, 47);
        display.rect(g_posx, 11, 5, 40, true);
        delay(1000);
        g_posx += 20;
        yield();
    }
    delay(1000);
    display.setCursor(25, 16);
    display.print("福");
    delay(1000);
    display.drawImage(42, 16, 60, 30, imageMatrix[0]);
}
void loop() {

}
```

图 1-15　文字和动画显示程序

3. 无源蜂鸣器

蜂鸣器是一种会发声的电子器件，它广泛应用于各种电子产品中作为发声器件。

蜂鸣器按驱动方式可分为有源蜂鸣器(内含驱动线路，也叫自激式蜂鸣器)、无源蜂鸣器(外部驱动，也叫他激式蜂鸣器)；按构造方式可分为电磁式蜂鸣器、压电式蜂鸣器。

当我们说话或唱歌时，都会发出声音，那么声音是如何产生的呢？蜂鸣器又是如何产生不同音调声音的呢？

声音是由物体振动产生的，正在发声的物体叫作声源。物体在一秒钟之内振动的次数叫作频率，单位是赫兹。声源的振动频率不同，可导致发出声音的音调不同。通过改变蜂鸣器发出的声音的频率，就可以得到不同音调的声音。图 1-16 所示是频率与音符、字母的对应关系。

音符	1 (do)	2 (re)	3 (mi)	4 (fa)	5 (sol)	6 (la)	7 (si)
音阶	C4	D4	E4	F4	G4	A4	B4
频率(Hz)	262	294	330	349	392	440	494

图 1-16　频率与音符、字母的对应关系

由此可知，通过编程，不断改变蜂鸣器的振动频率，就可以达到改变音调，发出优美旋律的效果。图 1-17 所示是歌曲《两只老虎》的简谱对照程序。

两只老虎

佚 名 词曲

$1=E \frac{2}{4}$

| 1 2 3 1 | 1 2 3 1 | 3 4 5 | 3 4 5 | 5 6 5 4 |

两只老虎， 两只老虎， 跑得快， 跑得快。 一只没有

| 3 1 | 5 6 5 4 | 3 1 | 2 . | 1 0 | 2 . | 1 0 |

眼睛， 一只没有 尾巴， 真奇 怪！ 真奇 怪！

```
1    #include <MPython.h>
2    // 函数声明
3    void musicTwoTiger();
4
5    // 主程序开始
6    void setup() {
7        mPython.begin();
8    }
9    void loop() {
10       if ((touchPadT.isTouched())) {
11           display.fillScreen(0);
12           buzz.stop();
13           display.setCursor(42, 22);
14           display.print("两只老虎");
15           musicTwoTiger();
16       }
17       if ((touchPadH.isTouched())) {
18           display.fillScreen(0);
19           buzz.freq(262);
20           display.setCursor(42, 22);
21           display.print("中音 1 do");
22       }
23   }
24
25
26
27
```

```
35   // 自定义函数
36   void musicTwoTiger() {
37       for (int index = 0; index < 2; index++) {
38           buzz.freq(262, BEAT_1_4);
39           buzz.freq(294, BEAT_1_4);
40           buzz.freq(330, BEAT_1_4);
41           buzz.freq(262, BEAT_1_4);
42           yield();
43       }
44       for (int index = 0; index < 2; index++) {
45           buzz.freq(330, BEAT_1_4);
46           buzz.freq(349, BEAT_1_4);
47           buzz.freq(392, BEAT_1_2);
48           yield();
49       }
50       for (int index = 0; index < 2; index++) {
51           buzz.freq(392, BEAT_1_4);
52           buzz.freq(440, BEAT_1_4);
53           buzz.freq(392, BEAT_1_4);
54           buzz.freq(349, BEAT_1_2);
55           buzz.freq(330, BEAT_1_2);
56           buzz.freq(262, BEAT_1_2);
57           yield();
58       }
59       for (int index = 0; index < 2; index++) {
60           buzz.freq(294, BEAT_1_2);
61           buzz.freq(196, BEAT_1_2);
62           buzz.freq(262, BEAT_1_2);
63           buzz.freq(131, BEAT_1_2);
64           yield();
65       }
66   }
```

图 1-17　简谱对照程序

4. 光线传感器

光线传感器是基于半导体的光电效应原理开发的，可用来对周围环境光的强度进行检测，还可用来检测不同颜色表面的光线差别。用户能够用它来制作一些需要和光互动的项目，如智能调光小灯、激光通信系统等。本模块接口是黑色色标，说明是模拟信号接口，传感器模块连接主控板上带黑色色标的接口。

光线传感器的功能特性如下：仅对可见光敏感，不需要额外的过滤镜；模块的白色区域是与金属梁接触的参考区域；具有反接保护，电源反接不会损坏集成电路；支持 Arduino IDE 编程，可提供运行库来简化编程；支持 mBlock 图形化编程，适合全年龄用户。图 1-18 所示是光线传感器程序。

```
1      #include <MPython.h>
2
3
4      // 主程序开始
5    □ void setup() {
6          mPython.begin();
7    └ }
8    □ void loop() {
9          display.fillScreen(0);
10         display.setCursor(0, 4);
11         display.print((String("环境光: ") + String((light.read()))));
12         delay(100);
13   └ }
```

图 1-18　光线传感器程序

5. 声音传感器

掌控板自带的麦克风也叫声音传感器，声音传感器是一种可以检测声音大小的传感器。

常见的声音传感器的工作原理是，传感器内置一个对声音敏感的驻极体电容式话筒。声波使话筒内的驻极体薄膜振动，导致电容变化，产生与之对应变化的微小电压。这一电压随后被转化成 0~5 V 的电压，经过模数转换被数据采集器接受并进行传输。

生活中使用的声控灯、智能电视等声控设备都离不开声音传感器。目前，声音传感器的应用领域不断扩展，从机器人到航空航天技术，声音传感器在现代科技领域中的作用越来越大。图 1-19 所示是声音传感器程序。

```
1      #include <MPython.h>
2
3      // 主程序开始
4    □ void setup() {
5          mPython.begin();
6    └ }
7    □ void loop() {
8          display.fillInLine(1, 0);
9          display.setCursor(0, 4);
10         display.print((String("麦克风:") + String((sound.read()))));
11         delay(100);
12         if (((sound.read())>=1000)) {
13             if ((((sound.read())>=1000) && ((sound.read())<2000))) {
14                 rgb.write(0, 0xFF0000);
15             }
16             if ((((sound.read())>=2000) && ((sound.read())<3000))) {
17                 rgb.write(0, 0xFF0000);
18                 rgb.write(1, 0xFF0000);
19             }
20             if (((sound.read())>=3000)) {
21                 rgb.write(-1, 0xFF0000);
22             }
23         }
24         else {
25             rgb.write(-1, 0x000000);
26         }
27     }
28
```

图 1-19　声音传感器程序

6. 多彩 LED

呼吸灯会模仿动物呼吸，使灯光由亮到暗逐渐变化，给人以安静、沉稳的感觉。电子产品中经常会使用不同色彩的呼吸灯，能起到很好的视觉提醒效果。图 1-20 所示是呼吸灯程序。

```
1   #include <MPython.h>
2
3   // 动态变量
4   volatile float g_randBlue, g_randRed, g_randGreen;
5   // 函数声明
6   uint32_t rgbToColor(uint8_t r, uint8_t g, uint8_t b);
7   void     onButtonAPressed();
8
9
10  // 主程序开始
11  void setup() {
12      mPython.begin();
13      dfrobotRandomSeed();
14      buttonA.setPressedCallback(onButtonAPressed);
15      rgb.brightness(round(5));
16      g_randBlue = (random(0, 255+1));
17      g_randRed = (random(0, 255+1));
18      g_randGreen = (random(0, 255+1));
19  }
20  void loop() {
21      rgb.write(-1, rgbToColor(round(g_randRed), round(g_randGreen), round(g_randBlue)));
22  }
23
24
25  // 事件回调函数
26  void onButtonAPressed() {
27      g_randBlue = (random(0, 255+1));
28      g_randGreen = (random(0, 255+1));
29      g_randRed = (random(0, 255+1));
30  }
31
32  // 静态函数
33  uint32_t rgbToColor(uint8_t r, uint8_t g, uint8_t b)
34  {
35      return (uint32_t)((((uint32_t)r<<16) | ((uint32_t)g<<8)) | (uint32_t)b);
36  }
37
```

图 1-20　呼吸灯程序

1.3.2　掌控数据通信

1. 串口通信

通用异步收发设备（Universal Asynchronous Receiver Transmitter，UART）用于实现串口通信。将两个设备用一根信号线串接起来，发送方在信号线的一头将数据转换为二进制序列，用高低电平按照顺序依次发送 01 信号。接收方在信号线的另一头读取这根信号线上的高低电平信号，对应转化为二进制的 01 序列。异步收发即全双工传输，指发送数据的同时也能够接收数据，两者同步进行，就如同打电话一样，我们说话的同时也可以听到对方的声音。

当想要在计算机和微控制器之间或两个微控制器之间进行通信时，最简单的方法就是使用 UART。在两个 UART 之间传输数据只需要两根信号线。数据从发送 UART 的 Tx 引脚流向接收 UART 的 Rx 引脚，图 1-21 所示是串口通信原理示意图。

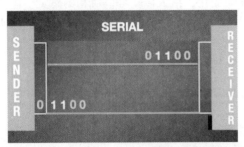

图 1-21　串口通信原理示意图

2. Wi-Fi 通信

Wi-Fi 全称为 Wireless Fidelity，具有传输速度较高、有效传输距离远和可接入设备多等优点。

IEEE 802.11 是针对 Wi-Fi 技术制定的一系列标准，第一个版本发表于 1997 年，其中定义了介质访问接入控制层和物理层。物理层定义了工作在 2.4 GHz 的 ISM 频段上的两种无线调频方式和一种红外线传输方式，总数据传输速率设计为 2 Mbps。随着 20 多年的发展，IEEE 802.11ax 也在 2019 年公布。IEEE 802.11ax 俗称 Wi-Fi6，它借用了蜂窝网络的正交频分多址（Orthogonal Frequency Division Multiple Access，OFDMA）技术，可以实现多个设备同时传输数据，显著提升数据传输速度，降低延迟。

Wireless Fidelity 的中文意思是"无线相容性认证"，它不仅是一种商业认证，同时也是一种无线联网技术。以前通过网线连接计算机，而 Wi-Fi 则通过无线电波来连网。只需要准备一个无线路由器，在这个无线路由器的覆盖范围内，都可以采用 Wi-Fi 连接方式进行联网，若无线路由器连接了一条非对称数字用户线路（Asymmetric Digital Subscriber Line，ADSL）或别的上网线路，则可以被作为网关使用。

（1）掌控板和计算机同时接入同一 Wi-Fi（注意防火墙问题）。

其应用场景如下：以路由器作为网关，利用 Wi-Fi 接入多个设备，组网广播，可以通过路由器连接外网，与云服务器进行数据通信。图 1-22 所示是路由器网关示意图和程序。

```
1    #include <MPython.h>
2    #include <DFRobot_Iot.h>
3    #include <DFRobot_UDPClient.h>
4    // 函数声明
5    void onUdpClientRecvMsg(String message);
6    // 创建对象
7    DFRobot_Iot          myIot;
8    DFRobot_UDPClient myclient;
9
10
11   // 主程序开始
12   void setup() {
13       mPython.begin();
14       myclient.setCallback(onUdpClientRecvMsg);
15       // 填入自己的WiFi名称和密码
16       myIot.wifiConnect("EasyCode_01", "easycode999");
17       while (!myIot.wifiStatus()) {yield();}
18       display.setCursorLine(1);
19       display.printLine("wifi connect success");
20       // 填写UDP发送的目标地址和端口
21       myclient.connectToServer("192.168.31.43",6789);
22   }
23   void loop() {
24       myclient.sendUdpMsg("hello,I am client");
25       delay(1000);
26   }
27
28
29   // 事件回调函数
30   void onUdpClientRecvMsg(String message) {
31       display.setCursorLine(2);
32       display.printLine(message);
33   }
34
```

图 1-22　路由器网关示意图和程序

（2）掌控板作为热点的接入点，计算机接入掌控板（广播模式）。

其应用场景如下：多个设备接入一个掌控板热点，掌控板作为网关使用，组网广播如有多个掌控板，可将其中 1 个作为接入点，其他接入该掌控板进行组网。图 1-23 所示是掌控板网关示意图和程序。

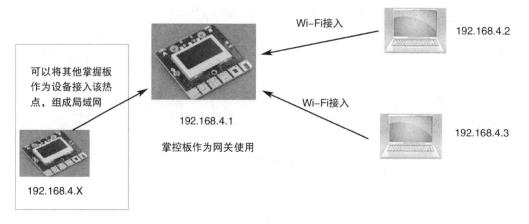

图 1-23　掌控板网关示意图和程序

```
1
2      #include <MPython.h>
3      #include <DFRobot_Iot.h>
4      #include <DFRobot_UDPServer.h>
5      // 函数声明
6      void onUdpServerRecvMsg(String message);
7      // 创建对象
8      DFRobot_Iot        myIot;
9      DFRobot_UDPServer myserver;
10
11
12     // 主程序开始
13     void setup() {
14         mPython.begin();
15         myserver.setCallback(onUdpServerRecvMsg);
16         // 掌控板会产生热点：ESP32WIFI，密码：ps12345678
17         myIot.setSoftAP("ESP32WIFI", "ps12345678");
18         display.setCursorLine(1);
19         display.printLine(myIot.getWiFiSoftIP());
20         // UDP广播端口8888
21         myserver.setPort(8888);
22     }
23     void loop() {
24         myserver.sendUdpMsg("hello,I am server");
25         delay(1000);
26     }
27
28
29     // 事件回调函数
30     void onUdpServerRecvMsg(String message) {
31         display.setCursorLine(2);
32         display.printLine(message);
33     }
```

3. 蓝牙通信

蓝牙技术是一种无线数据传输和语音通信的全球规范，它是基于低成本的近距离无线连接，为固定和移动设备建立通信环境的一种特殊的近距离无线技术连接。蓝牙使当前的一些便携移动设备和计算机设备不需要电缆就能连接到互联网，并且可以无线接入互联网。

　　蓝牙是一种支持设备短距离通信(一般 10 米内)的无线技术，能在包括移动电话、掌上电脑、无线耳机、笔记本电脑、相关外设等众多设备之间进行无线信息交换。利用蓝牙技术，能够有效地简化移动通信终端设备之间的通信，也能够简化设备与互联网之间的通信过程，从而使数据传输变得更加迅速、高效，为无线通信拓宽道路。

　　蓝牙作为一种小范围无线连接技术，能在设备间实现方便快捷、灵活安全、低成本、低功耗的数据传输和语音通信，因此它是实现无线个域网通信的主流技术之一。蓝牙是一种开放式无线通信技术，原本用来取代红外线通信。图 1-24 所示为蓝牙通信程序。

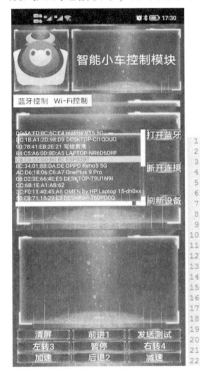

图 1-24　蓝牙通信程序

▶▶▶ 1.3.3　思政课堂 ▶▶▶

思政小故事 | 陈兆海：中国精度，极致匠心

　　陈兆海先后参建大连湾海底隧道、大连港 30 万吨级矿石码头、大船重工香炉礁新建船坞、星海湾跨海大桥等多项国家战略工程。他坚守"用一辈子做好工程的眼睛"的信念，从攻克悬索安装到高精度测量，将测深技术从原有的二维扩展到三维，对海上沉管安装测量工艺进行革命性创新，用执着和匠心雕琢"中国精度"，诠释"中国速度"。2001 年，陈兆海参建福建石湖港项目，海域情况非常复杂，在没有测深仪的情况下，水深测量施工只能采用"打水跎"(采用水准仪配合水准尺作业)。在高流速的海域放水准尺，测深读数时间必须在配重触及海底的 2 秒内完成，最佳读数时间不足 1 秒。为抓住这 1 秒，只要没有施工，他就反复练习眼力和反应速度，最后练就了一手在高流速海域 1 秒内精准读取水准尺的绝活，创下了靠人工测量方法将沉箱水下基床标高精度控制在毫米的奇迹。随着大连湾海底隧道项目全面启动，他向着更高精度的目标发起攻坚，提出了立体成像测量法，成功引进多波束测量设备和系统并进行优化，实现海底沉管毫米级精度对接。

他工作在测量一线 26 年，先后参与修建了我国首座 30 万吨级矿石码头、首座航母船坞、首座双层地锚式悬索桥等多个国家重点工程。他执着专注、勇于创新，练就了一双慧眼和一双巧手，以追求极致的匠人匠心，为大国工程建设保驾护航。

1.4　掌控智能小车

▶▶▶ 1.4.1　超声波测距 ▶▶▶

智能小车可连接一个超声波传感器模块，该模块插在小车主体的前方插孔上，相当于小车的"眼睛"。利用该传感器可以测量小车前方障碍物的距离。图 1-25 所示是超声波测距程序。

```
1   #include <MPython.h>
2   #include <DFRobot_URM10.h>
3
4   // 动态变量
5   volatile float g_ultraValue;
6   // 创建对象
7   DFRobot_URM10 g_ultraSr04;
8
9
10  // 主程序开始
11  void setup() {
12      mPython.begin();
13      Serial.begin(9600);
14  }
15  void loop() {
16      g_ultraValue = g_ultraSr04.getDistanceCM(P8,P9);
17      display.setCursorLine(1);
18      display.printLine(g_ultraValue);
19      Serial.println(g_ultraValue);
20      delay(100);
21  }
```

图 1-25　超声波测距程序

▶▶▶ 1.4.2　红外线接收器 ▶▶▶

红外线接收器是一种可以接收和解码红外线信号的电子元件，与 TTL 电平信号兼容，其体积和普通的塑封三极管类似，适用于各种红外线遥控和红外线数据传输场景。表 1-1 所示是红外线接收器按键表。

表 1-1　红外线接收器按键表

按键	按键值	按键	按键值	按键	按键值
A	FFA25D	B	FF629D	C	FFE21D
D	FF22DD	∧	FF02FD	E	FFC23D
<	FFE01F	☼	FFA857	>	FF906F
0	FF6897	∨	FF9867	F	FFB04F
1	FF30CF	2	FF18E7	3	FF7A85
4	FF10EF	5	FF38C7	6	FF5AA5
7	FF42BD	8	FF4AB5	9	FF52AD

图 1-26 所示是红外线接收器程序。

```
8    #include <MPython.h>
9    #include <DFRobot_IRremote.h>
10   PROGMEM void carDrive(int dir, int speed);
11   PROGMEM void motorDrive(int mot, int speed, int dir);
12   void carDrive(int dir, int speed) {
13     if (dir == 0) {           // 前进
14       motorDrive(0, speed, 0);
15       motorDrive(1, speed, 0);
16     } else if (dir == 1) {     // 后退
17       motorDrive(0, speed, 1);
18       motorDrive(1, speed, 1);
19     } else if (dir == 2) {     // 右转
20       motorDrive(0, speed/2, 0);
21       motorDrive(1, speed, 0);
22     } else if (dir == 3) {     // 左转
23       motorDrive(0, speed, 0);
24       motorDrive(1, speed/2, 0);
25     }
26   }
27   void motorDrive(int mot, int speed, int dir) {
28     int sp = map(speed, 0, 255, 0, 1023);
29     if (mot == 0) {            // 右电机
30       if (dir == 0) {          // 正转
31         digitalWrite(P16, LOW);
32         analogWrite(P15, sp);
33       } else {                 // 反转
34         digitalWrite(P16, HIGH);
35         analogWrite(P15, sp);
36       }
37     } else {                   // 左电机
38       if (dir == 0) {          // 正转
39         digitalWrite(P13, LOW);
40         analogWrite(P14, sp);
41       } else {                 // 反转
42         digitalWrite(P13, HIGH);
43         analogWrite(P14, sp);
44       }
45     }
46   }
```

```
48   // 动态变量
49   String       g_infValue;
50   volatile float g_speedValue;
51   // 创建对象
52   IRremote_Receive remoteReceive_P1;
53
54
55   // 主程序开始
56   void setup() {
57     mPython.begin();
58     remoteReceive_P1.begin(P1);
59     g_speedValue = 180;
60   }
61   void loop() {
62     g_infValue = (remoteReceive_P1.getIrCommand());
63     if ((!(g_infValue=="0"))) {
64       display.setCursorLine(1);
65       display.printLine(g_infValue);
66       if ((g_infValue==String("FF02FD"))) {
67         carDrive(0,200);
68       }
69     }
70   }
```

图 1-26　红外线接收器程序

▶▶▶ 1.4.3　红外循迹传感器 ▶▶ ▶

Valon-I 机器人上集成了 3 个红外循迹传感器，分别连到掌控板的 P0、P2、P3 引脚。读取传感器返回值，可判断当前传感器所处环境。当不反光或距离太远时，传感器返回 0。P1 为使能引脚，其为高电平时传感器工作，为低电平时传感器不工作。图 1-27 所示是红外循迹传感器程序。

```
1    #include <MPython.h>
2
3    PROGMEM void carDrive(int dir, int speed);
4    PROGMEM void motorDrive(int mot, int speed, int dir);
5    void carDrive(int dir, int speed) {
6      if (dir == 0) {           // 前进
7        motorDrive(0, speed, 0);
8        motorDrive(1, speed, 0);
9      } else if (dir == 1) {     // 后退
10       motorDrive(0, speed, 1);
11       motorDrive(1, speed, 1);
12     } else if (dir == 2) {     // 右转
13       motorDrive(0, speed/2, 0);
14       motorDrive(1, speed, 0);
15     } else if (dir == 3) {     // 左转
16       motorDrive(0, speed, 0);
17       motorDrive(1, speed/2, 0);
18     }
19   }
20   void motorDrive(int mot, int speed, int dir) {
21     int sp = map(speed, 0, 255, 0, 1023);
22     if (mot == 0) {            // 右电机
23       if (dir == 0) {          // 正转
24         digitalWrite(P16, LOW);
25         analogWrite(P15, sp);
26       } else {                 // 反转
27         digitalWrite(P16, HIGH);
28         analogWrite(P15, sp);
29       }
30     } else {                   // 左电机
31       if (dir == 0) {          // 正转
32         digitalWrite(P13, LOW);
33         analogWrite(P14, sp);
34       } else {                 // 反转
35         digitalWrite(P13, HIGH);
36         analogWrite(P14, sp);
37       }
38     }
39   }
```

```
41   // 动态变量
42   volatile float g_speedValue;
43
44   // 主程序开始
45   void setup() {
46     g_speedValue = 130;
47     digitalWrite(P1, HIGH);
48   }
49   void loop() {
50     if ((digitalRead(P0) != 0)&&(digitalRead(P2) == 0)&&(analogRead(P3) != 0)) {
51       carDrive(0,g_speedValue);
52     }
53     delay(50);
54   }
```

图 1-27　红外循迹传感器程序

▶▶▶ 1.4.4 控制电机 ▶▶ ▶

智能小车具有左、右两个控制电机，它们相当于人的两只脚，使机器人可以在地上来回运行。图 1-28 所示是控制电机程序。

```
1   #include <MPython.h>
2   // car 控制函数
3   PROGMEM void carDrive(int dir, int speed);
4   // motor 控制函数
5   PROGMEM void motorDrive(int mot, int speed, int dir);
6
7   void carDrive(int dir, int speed) {
8     if (dir == 0) {         // 前进
9       motorDrive(0, speed, 0);
10      motorDrive(1, speed, 0);
11    } else if (dir == 1) {  // 后退
12      motorDrive(0, speed, 1);
13      motorDrive(1, speed, 1);
14    } else if (dir == 2) {  // 右转
15      motorDrive(0, speed/2, 0);
16      motorDrive(1, speed, 0);
17    } else if (dir == 3) {  // 左转
18      motorDrive(0, speed, 0);
19      motorDrive(1, speed/2, 0);
20    }
21  }
22  void motorDrive(int mot, int speed, int dir) {
23    int sp = map(speed, 0, 255, 0, 1023);
24    if (mot == 0) {    // 右电机
25      if (dir == 0) {  // 正转
26        digitalWrite(P16, LOW);
27        analogWrite(P15, sp);
28      } else {         // 反转
29        digitalWrite(P16, HIGH);
30        analogWrite(P15, sp);
31      }
32    } else {           // 左电机
33      if (dir == 0) {  // 正转
34        digitalWrite(P13, LOW);
35        analogWrite(P14, sp);
36      } else {         // 反转
37        digitalWrite(P13, HIGH);
38        analogWrite(P14, sp);
39      }
40    }
41  }
43  // 动态变量
44  volatile float g_speedChangValue, g_speedValue;
45
46
47  // 主程序开始
48  void setup() {
49    g_speedChangValue = 5;
50    g_speedValue = 0;
51  }
52  void loop() {
53    carDrive(0,g_speedValue);
54    if ((g_speedValue>=255)) {
55      g_speedChangValue = -5;
56    }
57    else if ((g_speedValue<=0)) {
58      g_speedChangValue = 5;
59    }
60    g_speedValue += g_speedChangValue;
61    delay(50);
62  }
```

图 1-28　控制电机程序

▶▶▶ 1.4.5 思政课堂 ▶▶ ▶

思政小故事 | 周建民：周式精度，如琢如磨

作为国家级技能大师，周建民在工具钳工这个平凡的岗位上坚守了40年，走出了一条令人尊敬的工匠之路。他完成了15 000 余项专用量规生产制造任务，进行的小改革和工艺创新项目达1 100 余项，累计为公司创造价值3 100 余万元。他秉承精益求精、精雕细琢的态度，15 000 余件微米级专用量规没有出现一件质量事故。他组织团队破解位置量规、无人机内外轴、"中国现代第一枪"电磁枪等机械制造难题。面对高薪聘请等诱惑，他选择了坚守工具钳工这个平凡的工人岗位，道技合一、精雕细琢、默默敬业奉献。

他有一双神奇之手，工作40年来，完成创新成果1 000 余项；他有一双可靠之手，研制的16 000 余件专用量规无一发生质量事故；他有一双精准之手，凭借眼看、耳听与手感，使专用量具达到微米级精度。执着忘我练就一身功夫，巧思钻研成就创新达人，一人一册培养后辈新人，他用行动诠释着工匠精神。

1.5 TCP/IP 网络通信

计算机网络是指将地理位置不同的具有独立功能的多台计算机及其外部设备，通过通信线路连接起来，在网络操作系统、网络管理软件及网络通信协议的管理和协调下，实现资源共享和信息传递的计算机系统。

开放系统互联(Open System Interconnect，OSI)模型的设计目的是建设一个所有销售商都能实现的开放网络模型，来解决使用众多私有网络模型所带来的问题，提高网络通信的效率。图1-29所示是OSI模型。

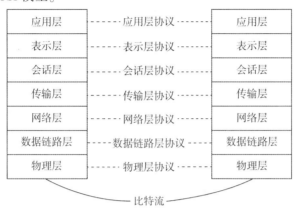

图1-29　OSI模型

一般来说，刚接触网络知识的人要立刻掌握每一层的相关知识几乎是不可能的，读者可以先大致了解每一层的功能。表1-2所示是OSI模型的基本功能。

表1-2　OSI模型的基本功能

应用层	为操作系统和网络应用程序提供访问网络的接口
表示层	为不同的上层终端提供数据语法转换
会话层	建立、管理、拆除会话
传输层	将上层数据分段并提供端到端的、可靠或不可靠的数据传输
网络层	提供路由、寻址、分组
数据链路层	在不可靠的物理连接上提供可靠的数据传输
物理层	为数据传输提供物理上的连接

TCP/IP全称为Transmission Control Protocol/Internet Protocol，意为传输控制协议/网际互连协议，它是一个协议簇，也是OSI 7层模型的一个简化实现版本，它通常被认为是一个4层模型。TCP/IP起源于20世纪60年代末美国资助的一个分组交换网络研究项目，到20世纪90年代，它已经成为计算机最常用的组网形式。它实现了不同机器间、不同操作系统间的通信，被称为互联网的基础。表1-3所示是TCP/IP模型。

表1-3　TCP/IP模型

应用层	Telnet、E-mail 等
传输层	TCP 和 UDP
数据链路层	IP、ICMP、IGMP 等
物理层	设备驱动以及硬件接口

（1）第1层：物理层。

物理层通常包括操作系统中的设备驱动和网络接口，它们的主要功能就是处理数据怎样传输的问题。

（2）第2层：数据链路层。

数据链路层又叫互联网层，主要处理分组在网络中的活动，如分组的选路、寻址等，这一层的协议包括网际互连协议（Internet Protocol，IP）、互联网控制报文协议（Internet Control Message Protocol，ICMP）、互联网组管理协议（Internet Group Management Protocol，IGMP）等。

（3）第3层：传输层。

传输层又叫运输层，它主要负责两台主机的应用程序之间端到端的传输。这一层中有两个传输层协议，分别是传输控制协议（Transmission Control Protocol，TCP）和用户数据报协议（User Datagram Protocol，UDP）。

TCP：负责可靠的、顺序的、保持连接的数据传输。

UDP：负责不可靠的、无连接的数据传输。

（4）第4层：应用层。

应用层一般处理底层细节，提供用户访问网络的接口。

图1-30所示是TCP/IP协议簇收到数据后的处理过程示意图。

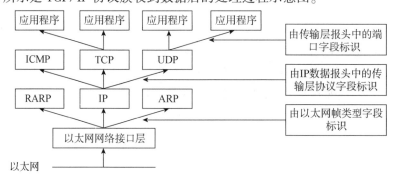

图1-30　TCP/IP协议簇收到数据后的处理过程示意图

从图中可以看出，当数据链路层收到数据包时，它根据以太网帧类型字段，决定把包交给反向地址解析协议（Reverse Address Resolution Protocol，RARP）、IP或地址解析协议（Address Resolution Protocol，ARP）去解析。如果是IP数据包，它又会根据IP数据报头中传输层协议字段，决定把包给ICMP、TCP或UDP去解析。如果是TCP或UDP的数据包，TCP或UDP就根据端口号，将其交给相应的应用程序。这就是一个TCP/IP处理数据包的大致过程。发送数据的过程与上面一样，只是方向是相反的。那么，在应用层又怎样通过编程实现发送和接收数据呢？这时就要借助套接字（Socket）编程了，它提供了丰富的应用程序接口（Application Program Interface，API），能方便地实现用户需要的功能。

▶▶| 1.5.1　UDP网络 ▶▶ ▶

UDP是TCP/IP协议簇中的一个传输层协议。UDP提供的功能较少，将对程序的控制权最大限度地交给用户。

UDP的优点如下：UDP不要求保持一个连接；UDP不会等待对方确认收到数据包，节约了等待时间；UDP不会因数据包没有正确送达而重传，节约了重传的时间；UDP常用于短应用和控制信息，在一个数据包接一个数据包的基础上，UDP 需要的网络带宽比 TCP 更小。

UDP 的缺点如下：如果应用程序对数据正确性有要求，程序员就不得不自己编程检查传输数据是否有错误，并决定是否重传，而且必须对大块数据进行分片（TCP 会对大片数据进行分片，不需要程序员来完成）。

UDP 的应用场合如下：周期性的状态信息、图片和视频数据传输，局域网内数据传输。

下面实现一个基于 UDP 的简单应用，服务端先启动服务，然后客户端发送一个"hellotest"字符串给服务端，服务端接收并将其打印出来。

服务端源代码如下。

```c
#include <stdio. h>
#include <netinet/in. h>

int main()
{
    int fd=0;
    fd=socket(AF_INET, SOCK_DGRAM, 0);
    if(fd < 0) {
        perror("socket");
    }
    struct sockaddr_in dst;
    dst. sin_family=AF_INET;
    dst. sin_port=htons(9527);
    dst. sin_addr. s_addr=INADDR_ANY;
    int ret=0;
    ret=bind(fd, &dst, 16);
    if(ret < 0) {
        perror("bind");
    }
    char data[1024]={0};
    struct sockaddr_in send;
    int send_len=0;
    ret=recvfrom(fd, data, 1024, 0, &send, &send_len);
    if(ret < 0) {
        perror("recvfrom");
    }
    printf("send said: % s\n", data);
    close(fd);
}
```

客户端源代码如下。

```c
/* * * * * * * * * * * * * * * * * * * * * * * * * * * * * * * *
#include <stdio. h>
```

```
#include <netinet/in. h>

int main()
{
    int fd=0;

    //47. 110. 229. 243
    fd=socket(AF_INET, SOCK_DGRAM, 0);
    if(fd < 0) {
        perror("socket");
    }

    struct sockaddr_in dst;
    dst. sin_family=AF_INET;
    dst. sin_port=htons(9527);
    dst. sin_addr. s_addr=inet_addr("47. 110. 229. 243");

    char *  data="xuedaoniuniu";
    int ret=0;
    ret=sendto(fd, data, 12, 0, &dst, 16);
    if(ret < 0) {
        perror("sendto");
    }
    close(fd);
}
```

上面分别是服务端和客户端的源代码。为了简洁，本书程序未做严格的语法错误检查，仅用于帮助读者明白其基本原理和过程。读者在实际编写过程中，应根据返回信息做错误检查，这样才能确保程序运行无误。

▶▶▌ 1.5.2 TCP 网络 ▶▶ ▶

TCP 是 TCP/IP 协议簇中的一个传输层协议，它通过序列号确认以及重发机制提供可靠的数据传输和应用程序的虚拟连接服务。也就是说，发送方发送一个数据包给接收方，然后等待接收方确认，如果接收方收到了数据包，就给发送方一个确认信息，如果在规定时间内接收方没有收到数据包，发送方就会重新发送数据包。

TCP 的优点如下：因为 TCP 存在确认机制和重传机制，所以 TCP 是可靠、稳定的，并且在数据传输的过程中会有窗口机制来决定传输数据的大小，以达到拥塞控制的效果，在数据传输完成后，会断开连接来释放系统资源。

TCP 的缺点如下：TCP 的最大缺点就是在需要传输数据时，必须创建并保持一个连接，这个连接给通信进程增加了额外的开销，拖慢了整个进程；黑客会利用 TCP 的一些特点达到攻击目的。

TCP 的应用场合如下：由于 TCP 是可靠的、连续的、顺序的，所以 TCP 一般都应用于对传输的完整性和正确性要求严格的场景，如用户命令传输、X 终端、控制信息传输、用户文件传输等。

在编写基于 TCP 的服务端-客户端模型的网络程序时，一般都按照如下方式创建服务端和客户端。

创建服务端的一般过程如下。

（1）调用 socket( ) 函数创建一个套接口（通信端点），并返回描述符。

（2）调用 bind( ) 函数使服务器进程与一个端口号绑定。

（3）调用 listen( ) 函数设置客户接入队列的大小。

（4）如果接入队列不为空，调用 accept( ) 函数接收一个连接，并且返回一个已连接的套接口描述符。

（5）调用 send( ) 函数和 recv( ) 函数在已连接的套接口间发送和接收数据。

创建客户端的一般过程如下。

（1）调用 socket( ) 函数创建一个套接口，并返回描述符。

（2）调用 connect( ) 函数向服务器发送连接请求，返回一个已连接的套接口。

（3）调用 send( ) 函数和 recv( ) 函数在已连接的套接口间发送和接收数据。

下面实现一个简单的 TCP 通信程序，服务端等待客户端的接入，客户端接入后，向服务端发送一个"hellotest"字符串，服务端收到之后把它打印出来，然后关闭连接。

服务端源代码如下。

```
/* * * * * * * * * * * * * * * * * * * * * * * * * * * * * *
#include <stdio. h>
#include <fcntl. h>
#include <netinet/in. h>

//TCP 服务端
int main()
{
        int fd=0;
        unsigned char data[1024]={0};
        int ret=0;

        fd=socket(AF_INET, SOCK_STREAM, 0);
        if(fd < 0) {
                perror("socket");
                return 1;
        }

        //TCP 服务端
        struct sockaddr_in dst;
        dst. sin_family=AF_INET;
        dst. sin_port=htons(9527);
        dst. sin_addr. s_addr=htonl(INADDR_ANY); //47. 110. 229. 243
```

```
        int one=1;
        setsockopt(fd, SOL_SOCKET, SO_REUSEADDR, &one, sizeof(dst));
        //TCP 服务端
        ret=bind(fd, &dst, 16);
        if(ret < 0) {
                perror("bind");
                return 1;
        }
        //TCP 服务端
        ret=listen(fd, 20);
        if(ret < 0) {
                perror("listen");
                return 1;
        }
        //TCP 服务端
        struct sockaddr_in clt;
        int clt_len=0;
        int nfd=accept(fd, &clt, &clt_len);
        if(nfd < 0) {
                perror("accept");
                return 1;
        }

        //TCP 服务端
        ret=send(nfd, "xuedaoniuniu", 12, 0);
        if(ret < 0) {
                perror("send");
                return 1;
        }

        close(nfd);
        close(fd);
}
```

客户端源代码如下。

```
#include <stdio. h>
#include <fcntl. h>
#include <netinet/in. h>

int main()
{
        int fd=0;
```

```
        int ret=0;

        fd=socket(AF_INET, SOCK_STREAM, 0);
        if(fd < 0) {
                perror("socket");
                return 1;
        }

        struct sockaddr_in dst;
        dst. sin_family=AF_INET;
        dst. sin_port=htons(9527);
        dst. sin_addr. s_addr=inet_addr("47. 110. 229. 243");

        ret=connect(fd, &dst, 16);
        if(ret < 0) {
                perror("connect");
                return 1;
        }

        unsigned char data[1024]={0};
        ret=recv(fd, data, 1024, 0);
        if(ret < 0) {
                perror("recv");
                return 1;
        }
        printf("data: %s\n", data);
        close(fd);
}
```

上面的两个程序就是一个简单的基于 TCP 的通信程序。编译上面两个程序，并用一个终端先运行服务端程序，然后用另一个终端运行客户端程序，观察其执行过程。

▶▶▶ | 1.5.3　思政课堂 ▶▶ ▶

思政小故事 | 刘更生：修旧如旧，匠心楷模

刘更生是中国非物质文化遗产"京作"硬木家具制作技艺的代表性传承人，从事"京作"硬木家具制作与古旧家具修复已近 40 年。他多次参与重要文物的大修与复制，2013 年，在故宫博物院组织的"平安故宫"工程中，他成功修复了故宫养心殿的无量寿宝塔、满雕麟龙大镜屏等数十件木器文物，复制了故宫博物院金丝楠鸾凤顶箱柜、金丝楠雕龙朝服大柜，使经典再现并传承于世，为"京作"技艺、民族文化的继承和发扬做出了贡献。他多次承担国家重点工程任

务，参与制作了香山勤政殿、颐和园延赏斋、北京首都机场专机楼元首厅等项目的经典家具，设计制作了 2014 年 APEC 峰会 21 位元首桌椅、内蒙古自治区成立 70 周年大座屏、宁夏回族自治区成立 60 周年贺礼、国庆 70 周年天安门城楼内部木质装饰等国家重点工程使用的家具。他设计的"APEC 系列托泥圈椅"荣获世界手工艺产业博览会"国匠杯"银奖。2021 年 4 月，天坛家具成为"北京 2022 年冬奥会和冬残奥会官方生活家具供应商"，他秉承"产业报国、传承经典"的理念，向世界宣传中国优秀传统文化，在冬奥会场馆中再现中华优秀传统文化魅力。

凭借多年的经验和精湛的技艺，心怀对中华优秀传统文化的热爱与尊重，他先后参与了故宫博物院、国家博物馆、颐和园和香山等多处古旧家具的大修与复刻，让许多珍贵文物重现光彩。他数次承担国家外事活动所用家具的设计与制作工作，向世界展示着中式家具所蕴含的中华文化的独特魅力。

1.6 嵌入式中心服务器

1.6.1 Apache 与 CGI

Apache HTTP Server(简称 Apache)是 Apache 软件基金会的一个开放源代码的网页服务器，可以在大多数计算机操作系统中运行，由于其支持多平台且安全性高，所以被广泛使用，是主流的 Web 服务端软件之一。它快速、可靠，并且可通过简单的 API 扩展，将 Perl、Python 等解释器编译到服务器中。

1. 安装与使用

阿里云上已经安装好了 Apache 服务器，index. html 主页也已经写好，下面在计算机中打开浏览器，输入网址查看效果。例如，输入"http：//47. 110. 229. 243"，图 1-31 所示是安装好的 Apache 服务器效果图。

welcome to xuedaoniuniu NBIOT

图 1-31　安装好的 Apache 服务器效果图

如看到上述信息，表示打开正确，Apache 服务器已经安装成功。

2. CGI 接口

在/var/www/cgi-bin/目录写入以下程序，将文件命名为 xuedaoniuniu. c。

```c
#include <stdio. h>
int main()
{
    printf("Content- Type: text/html \n\n");
    printf("<html>\n");
    printf("<head>\n");
```

```
printf("<title>\n");
printf("<xuedaoniuniu>\n");
printf("</title>\n");
printf("</head>\n");

printf("<body>\n");
printf("this is my nbiot programma\n");
printf("</body>\n");
printf("</html>\n");
}
```

CGI 代码编译如下。

```
gcc xuedaoniuniu. c    - o   xuedaoniuniu. cgi
```

打开网页，图 1-32 所示是程序运行结果。

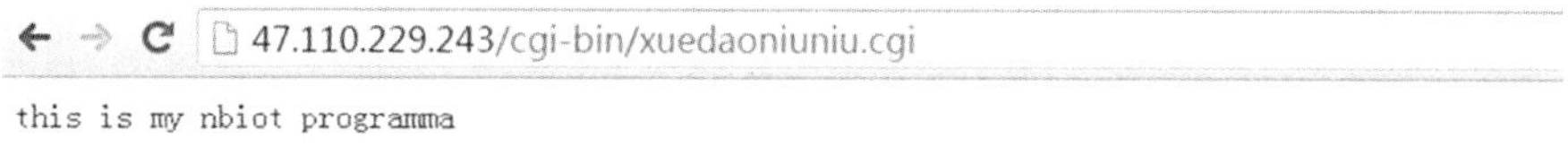

← → C   🗋 47.110.229.243/cgi-bin/xuedaoniuniu.cgi

this is my nbiot programma

图 1-32   程序运行结果

1.6.2   SQLite 数据库

SQLite 是用 C 语言编写的开源嵌入式数据库引擎。它支持大多数的 SQL92 标准，并且可以在所有主要的操作系统上运行。SQLite 由以下几个部分组成：SQL 编译器、内核、后端以及附件。SQLite 使用虚拟机和虚拟数据库引擎，使调试、修改和扩展 SQLite 内核变得更加方便。所有 SQL 语句都被编译成易读的、可以在 SQLite 虚拟机中执行的程序集，用户可以在 SQLite 主页下载源代码。

1. SQLite 安装

进入 source_code/目录，解压源代码并进入目录 tar xf sqlite-3. 6. 26. tar. gz，执行以下命令。

```
CC=arm- linux- gcc    . /configure    - - prefix=/home/kernel    - - host=arm- linux    - - build=i386
- - disable- tcl
make&&make install
```

安装完成后，SQLite 3 就会出现在开发板主目录/home/kernel 的 bin 目录下，然后就可以在开发板上执行命令 sqlite3/xuedaoniuniu 创建数据库。

2. SQLite 命令

```
#sqlite3 /xuedaoniuniu
SQLite version 3. 3. 17
Enter ". help" for instructions
sqlite> create table nbiot(number int(4), data char(50));         //创建表
sqlite> insert intonbiot values(1, "temp=20, humi=78");         //插入数据
```

```
sqlite> insert intonbiot values(2, "temp=18, humi=69");
sqlite> select *  fromnbiot;                     //查询数据
1|temp=20, humi=78
2|temp=18, humi=69
sqlite>. q                                       //退出 SQLite
#
```

3. SQLite 程序

```c
#include <stdio. h>
#include <stdlib. h>
#include <sqlite3. h>

int myfunc(void * p, int argc, char * * argv, char * * argvv)
{
    int i;
    * (int * )p=0;
    for(i=0; i < argc; i++)
    {
        printf("% s=% s ", argvv[i], argv[i] ? argv[i] :"NULL");
    }
    printf(" \n");
    return 0;
}

int main(int argc, char * argv[])
{
    sqlite3 * db;
    char * err=0;
    int ret=0;
    int empty=1;
    ret=sqlite3_open("/xuedaoniuniu",&db);
    if(ret !=SQLITE_OK)
    {
        printf("sqlite3 open error\n");
        exit(1);
    }
    ret=sqlite3_exec(db, "select *  from nbiot", myfunc, &empty, &err);
    if(ret !=SQLITE_OK)
    {
        printf("sqlite3 exec error\n");
        sqlite3_close(db);
        exit(1);
```

```
    }
    sqlite3_close(db);
    return 0;
}
```

保存文件为 xuedao_sqlite.c，和数据库文件放在一个目录下。

用 GCC 编译器编译以上程序：gcc -o sqlite_t sqlite3_t.c -lsqlite3。

▶▶ 1.6.3 MySQL 数据库 ▶▶ ▶

MySQL 是一个领先的开源数据管理系统，是一个多用户、多线程的数据库系统。MySQL 在 Web 应用中非常流行，是 LAMP（Linux-Apache-MySQL-PHP）平台中的一部分。MySQL 最早是由瑞典的 MySQL AB 公司开发的，这家公司和 Trolltech 公司都是非常有名的开放源代码公司。MySQL 兼容大多数操作系统，包括 BSD UNIX、Linux、Windows 以及 macOS。

1. MySQL 命令

在命令行中输入 mysql -h localhost -u root -p，输入密码。示例代码如下。

```
mysql >show databases;                          //显示所有数据库
mysql >  create  database xuedaoniuniu;          //创建数据库,库名 xuedaoniuniu
mysql >  use  xuedaoniuniu                        //进入 xuedaoniuniu 数据库
mysql >  create  table  nbiot(number int(4), data  char(50));  //创建表,表名 nbiot
mysql >  insert into nbiot values(1, "temp=20, humi=78");     //插入数据
mysql >  insert into nbiot values(2, "temp=18, humi=69");
mysql >  select *from  nbiot;                     //数据库查询
|number|data          |
|      1|temp=20, humi=78|
|      2|temp=18, humi=69|
```

2. 函数 API

```
MYSQL*  mysql_init(MYSQL*  mysql);  //分配或初始化与 mysql_real_connect()相适应的 MySQL 对象
MYSQL*  mysql_real_connect(MYSQL*  mysql,const char*  host,const char*  user,
        const char*  passwd,const char*  db,unsigned int port,
        const char*  unix_socket,unsigned long client_flag);    //连接到 MySQL 服务器
int mysql_query(MYSQL*  mysql,const char*  stmt_str);  //执行以字符串为标准的指定查询语句
MYSQL_RES*  mysql_store_result(MYSQL*  mysql);  //向客户端检索完整的结果集
MYSQL_ROW mysql_fetch_row(MYSQL_RES*  result);  //从结果集中获取下一行
void mysql_close(MYSQL*  mysql);  //关闭一个服务端连接
```

3. 示例代码

创建文件 xuedaon.c，输入如下代码。

```
#include <stdio. h>
#include <mysql/mysql. h>
int main()
{
        MYSQL tmp;
        MYSQL * my=NULL;
        my=mysql_init(&tmp);
        int * ret=NULL;
        ret=mysql_real_connect(my, "47. 110. 229. 243", "root", "Xuedao@2020", "xuedaoniuniu", 0, NULL, 0);
        if(ret==NULL) {
                printf("mysql real connect error\n");
                return 1;
        }
        //char * sql="insert   into   nbiot   values (1, ' temp=25, humi=77' )";
        char * sql="select *   from nbiot ";
        int value=0;
        value=mysql_query(my, sql);
        if(value !=0) {
                printf("mysql query\n");
                return 1;
        }
        MYSQL_RES * res=NULL;
        res=mysql_store_result(my);
        MYSQL_ROW row;
        row=mysql_fetch_row(res);
        printf("% s\t% s\t% s\n", row[0], row[1], row[2]);
}
```

MySQL 数据库示例代码编译如下。

```
gcc  xuedaon. c  - o  xuedaon  - lmysqlclient  - L/usr/lib64/mysql
```

▶▶| 1. 6. 4 思政课堂 ▶▶ ▶

思政小故事|卢仁峰：焊接技能，极致追求

1986 年，卢仁峰在某军品生产攻坚活动中意外发生工伤，左手 4 级伤残，基本不能工作。重返岗位后，他定下每天练习 100 根焊条的底线。为了克服左手残疾带来的技术短板，他把筷子当成焊条、把桌子当成练习试板，反复训练，最终创造了熔化极氩弧焊、微束等离子弧焊、单面焊双面成型等操作技能，做出了"短段逆向带压操作法""特种车辆焊接变形控制"等多项成果，获得"HT 火花塞异种钢焊接技术"等国家专利。他牵头完成 152 项技术难题攻关，提出改进工艺建议 200 余项，突破了一批关键技术瓶颈，为实现强军目标贡献了智慧和力量。当某型号轮式车辆作为阅兵装备首次生产时，卢仁峰主动请缨。经过多次失败，无数次从头再来，他创造性地提出"正反面焊接，以变制变"的操作方法，使该产品合格率由60%提高到96%，对推动我军轮式装备性能和国防工业水平跃升、解决"卡脖子"技术难题具有重要的作用。2020年，他对某海军装备铝合金雷达结构件焊接变形问题进行技术攻关，通过优化焊接顺序、改进焊接方法，制作防变形工装等措施，一举解决了该装备变形问题，为开拓海军装备市场奠定了工艺技术基础。

他从事焊接工作42年，即便左手因工伤落下残疾，仍选择继续坚守焊工岗位；他单手掌握十几种焊接方法，练就精湛的独臂焊接绝技；他创新操作，在我国新型主战坦克等重要装备的制造过程中，突破技术瓶颈，为国防军工事业做出了突出贡献。

项目 2
智慧农场系统

 ## 2.1 项目概况

2.1.1 项目背景

智慧农场系统是一个新生产物,它在传统环境监测监控系统的基础上研发而成,可以实现安全可靠的数据采集、处理和传输。数据采集终端设备纳入物联网系统,它们可以直接互联互通、实现自组局域网,并相互协作完成特定的业务(如采集温度、湿度、光照强度和PM2.5数据等)。智慧农场系统可以通过主数据采集终端设备节点,实现远程数据采集终端,然后通过无线传输技术传输至中心服务器处理存储,用户可以通过手持设备(如手机、平板电脑等)实时查看当前环境数据。这些产品应用范围广阔,可应用于环保、农业、工矿、电信、市政、交通等各种类型自动监测站的数据采集与传输。

NB-IoT 通信采用超窄带、重复传输、精简网络协议设计,牺牲一定的速率、时延、移动性能,获取面向低功耗广域物联网的承载能力。NB-IoT 作为一种新的窄带蜂窝通信低功耗广域网(Low Power Wide Area Network,LPWAN)解决方案,将给物联网行业带来巨大的变革与创新。

本项目在传统环境监测监控系统的基础上,结合物联网的技术和 NB-IoT 窄带物联网通信技术,根据环境监测监控系统建设的新形势和新要求,建设一个全新的嵌入式项目。

2.1.2 软硬件资源

硬件:计算机、ARM Cortex-A9 开发板、NB-IoT 通信模块、手机等智能设备终端。

软件:Windows 7、Linux 操作系统、Keil4、SQLite 数据库。

软件开发板主要有以下资料(电子附件里提供)。

cross_compile:交叉编译器。

datasheet:各种软硬件的英文文档。

images:编译好的 uboot 和内核镜像。

rootfs：Linux 文件系统压缩包。

schematics：ARM 开发板的电路图。

source_code：Linux、uboot、数据库等的源代码包。

NBIoTData. tar. gz：Keil4 开发工具、STM32 用户手册、开发板原理图、驱动程序、串口和网络调试助手、源代码例程等。

▶▶▶ 2.1.3 项目流程 ▶▶▶ ▶

本项目主要分为 3 个模块。

(1)数据采集终端。此模块能够采集大量的环境信息，如温度、湿度、光照强度、烟雾等信息，然后通过 NB-IoT 无线传输技术传输至基于嵌入式技术的中心服务器上。

(2)中心服务器。此模块采用基于 ARM Cortex-A9 的三星 Tiny4412 开发板，此开发板具有接口丰富、性能强大等特点。在此硬件上布置 Linux 操作系统，然后开启网络服务器与路由器相连。

(3)移动手持终端。此模块采用普通手机或平板设备开发普通的 App 等程序，能够通过 Wi-Fi 连接到路由器，并与中心服务器进行数据交换，实时查询当前环境状况。

图 2-1 所示是智慧农场系统项目流程图。

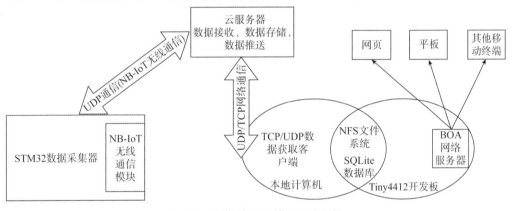

图 2-1　智慧农场系统项目流程图

该智慧农场系统项目大致流程分为以下 3 步。

(1)数据采集。通过 STM32 外接 DHT11 温湿度传感器，对环境温湿度进行数据采集。

(2)数据发送。将采集到的数据通过 NB-IoT 无线通信模块(采用 UDP)发送给云服务器，云服务器将收到的数据存放在 MySQL 数据库中。例如，开发板发送数据"409192031991+tmp=22，humi=55"到云服务器。其中，409192031991 为获取的卡号(和每台 NB-IoT 设备对应，每台设备不一样)，22 为采集到的温度，55 为采集到的湿度。

本地计算机作为客户端，将会发送自己 NB-IoT 对应的卡号作为请求，如果卡号正确，服务器将会把云服务器存储的数据发送给本地计算机，然后本地计算机将接收到的数据存放在 SQLite 数据库中。例如，本地计算机发送数据"409192031991"，将收到云服务器数据"tmp=22，humi=55"。

(3)数据展示。在 Tiny4412 开发板上布置一个 BOA 网络服务器，需要写一个 CGI 程序去查询 SQLite 数据库，然后通过浏览器访问，就可以查看网页以及结果。

2.1.4 项目效果

图 2-2 所示是本项目最终实现及实物效果。

图 2-2   本项目最终实现及实物效果

2.1.5 思政课堂

思政小故事｜洪家光："拼命三郎""工作疯子"

洪家光以精妙绝伦的手艺和孜孜不倦的钻研精神，潜心研究航空发动机叶片磨削加工的各个环节，自主研发出叶片磨削专用的高精度金刚石滚轮工具制造技术。他 39 岁荣获国家科学技术进步二等奖，先后完成 200 多项技术革新，解决了 300 多个生产难题，以精益求精的"工匠精神"，为飞机打造出了强劲的"中国心"。

谈起 1998 年刚从技校毕业，走上工作岗位时的心路历程，洪家光说："每天与零件打交道，同样的动作做几千遍，我当时也曾迷茫过。但我渐渐想明白了，没有平凡的岗位，每一个岗位都有自己价值，我要尽自己最大的努力，加工好每一个零件。"叶片是航空发动机重要的组成部件，2002 年，公司接手了一个难度巨大的任务——打磨飞机发动机叶片的滚轮，并且要把误差缩小在 0.003 毫米内。被称为"拼命三郎""工作疯子"的洪家光主动请缨，带领团队经过 10 多年上千次尝试，将误差缩小到了 0.002 毫米。

此后，他又先后攻克了多个国家新一代重点型号发动机叶片磨削工具金刚石滚轮的加工难题，改写了公司金刚石滚轮大型面无法加工的历史，创造了让同行惊叹的佳绩。此项技术的应用累计为公司创造产值 9 200 余万元，并已获得国家发明专利，这些重要的突破为"中国制造"添砖加瓦。

2.2　NB-IoT 开发环境搭建

2.2.1　NB-IoT 硬件简介 ▶▶ ▶

　　NB-IoT 开发环境主要由 NB-IoT 通信模块核心板（如图 2-3 所示）和开发板底板（如图 2-4 所示）组成。NB-IoT 通信模块核心板主要负责开发板和云服务器之间的通信，它不需要烧录任何程序。开发板底板以 STM32L 系列芯片作为 CPU，可以采集 DHT11 等传感器数据，并通过 NB-IoT 通信模块和云服务器通信。

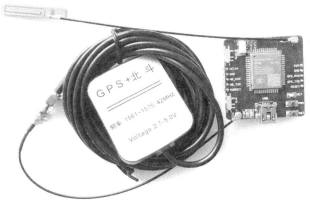

图 2-3　NB-IoT 通信模块核心板

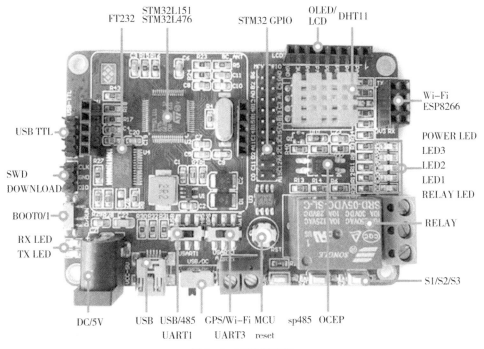

图 2-4　开发板底板

注意事项如下。

（1）严禁将核心板从开发板底板上拔下。

（2）不要拉扯核心板通信天线。

（3）开发板底板及核心板上有非常多的拨码开关，严禁随意拨动。

2.2.2 开发板硬件连接

图 2-5 所示是开发板硬件总体接线方式。

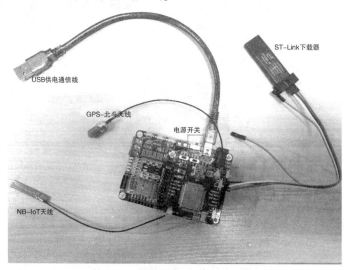

图 2-5　开发板硬件总体接线方式

（1）ST-Link 下载器用于向开发板底板上的 STM32 芯片烧录程序，使用时应插入计算机的 USB 接口。连接时注意仔细对照它与开发板的接线引脚，图 2-6 所示是 ST-Link 下载器接线图。

（2）USB 供电通信线用于向开发板供电，也是开发板与计算机之间的通信串口，使用时应插入计算机的 USB 接口。

（3）NB-IoT 天线是使用 5G 无线通信的必备硬件，注意在使用过程中不要弯折和拉扯天线。

（4）电源开关用于开发板上电或断电，靠近 USB 接口端为上电。

（5）GPS-北斗天线用于接收导航定位信号。

图 2-6　ST-Link 下载器接线图

ST-Link下载器　　　　　　　　NB-IoT开发板

SWCLK ————————— CLK

SWDIO ————————— DIO

GND ————————— GND

图 2-6　ST-Link 下载器接线图(续)

▶▶▶ 2.2.3　开发板硬件驱动安装 ▶▶▶

开发板在使用过程中,必须使用 ST-Link 硬件工具作为下载器,而该下载器需要安装 ST-Link 驱动。FT232 串口作为开发板与计算机连接的芯片,该芯片需要安装 FT232 硬件驱动。

将 ST-Link 下载器和开发板 USB 连接到计算机,启动计算机,在桌面右击"此电脑"图标,单击"管理"→"设备管理器"选项,查看对应硬件是否安装驱动。图 2-7 所示是设备管理器窗口。

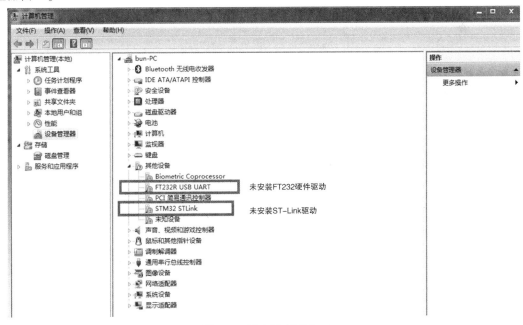

图 2-7　设备管理器窗口

1. ST-Link 驱动安装

ST-Link 驱动是下载器的驱动程序,必须安装,否则程序下载将无法进行。在资料包中找到"ST-Link 官方驱动"目录,找到对应的驱动,根据对应的操作系统安装对应的驱动:64 位操作系统安装 dpinst_amd64.exe 驱动,32 位操作系统安装 dpinst_x86.exe 驱动。图 2-8 所示是安装好 ST-Link 驱动界面。

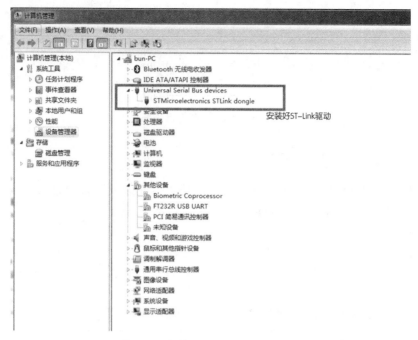

图 2-8　安装好 ST-Link 驱动界面

2. FT232 硬件驱动安装

STM32 开发板上 USB 接口与计算机通过串口通信，FT232 硬件驱动则是串口通信的驱动程序。在资料包中找到"FT232 驱动"目录，然后安装。安装之后，将 STM32 USB 串口连接到计算机。启动计算机，在桌面右击"此电脑"图标，单击"管理"→"设备管理器"→"端口"选项，可以查看目前硬件对应的串口，还可通过串口工具打开对应的串口进行数据读写。图 2-9 所示是安装好 FT232 硬件驱动界面。

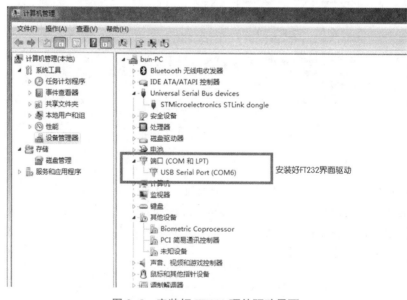

图 2-9　安装好 FT232 硬件驱动界面

▶▶ 2.2.4　开发环境搭建 ▶▶▶

NB-IoT 硬件开发主要是对 STM32L 系列芯片的微控制器进行硬件编程，STM32L 系列芯片的开发在 Windows 平台下进行。开发环境的搭建主要包含以下几个部分：Keil4 软件安装、Keil4 软件注册、Keil4 软件配置。

1. Keil4 软件安装

（1）选择 Keil4 软件的安装程序 mdk472_a.exe，打开安装文件，图 2-10 所示是 Keil4 开发软件。

图 2-10　Keil4 开发软件

单击"Next"按钮进行安装，图 2-11 所示是安装过程 1。

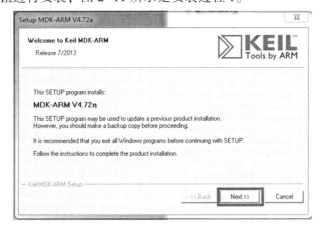

图 2-11　安装过程 1

（2）勾选同意声明复选框，再单击"Next"按钮，图 2-12 所示是安装过程 2。

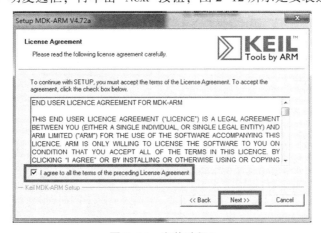

图 2-12　安装过程 2

（3）选择安装目录，一般直接安装在 C 盘（严禁使用中文路径），单击"Next"按钮，图 2-13 所示是安装过程 3。

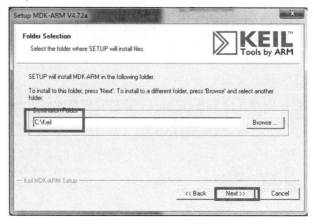

图 2-13　安装过程 3

（4）名称和邮箱可以使用空格代替，单击"Next"按钮，图 2-14 所示是安装过程 4。

图 2-14　安装过程 4

（5）不勾选示例程序复选框，单击"Next"按钮，图 2-15 所示是安装过程 5。

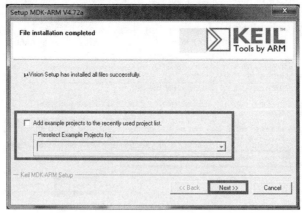

图 2-15　安装过程 5

（6）勾选要安装的 ULINK 驱动复选框，单击"Finish"按钮，图 2-16 所示是安装过程 6。

图 2-16 安装过程 6

程序安装完成后，在计算机桌面上可以看到一个 Keil uVision4 图标，表示程序安装成功。

2. Keil4 软件注册

（1）右击程序图标，在弹出的快捷菜单中选择"以管理员身份运行"命令，单击"File"→"License Management"命令，对软件进行注册，图 2-17 所示是注册过程 1。

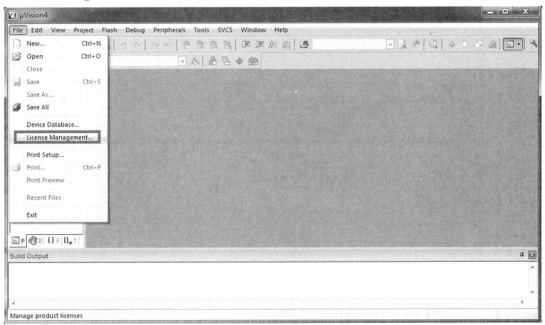

图 2-17 注册过程 1

（2）在打开的对话框中填写必要信息进行注册，图 2-18 所示是注册过程 2。

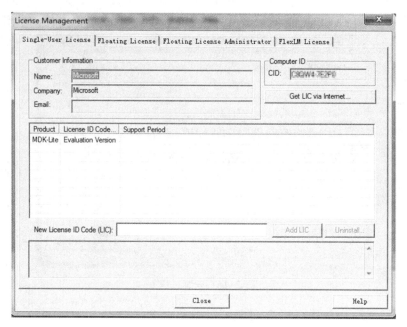

图 2-18　注册过程 2

（3）注册完成后，将在"Licence Management"对话框中生成一条注册信息，图 2-19 所示是注册过程 3。

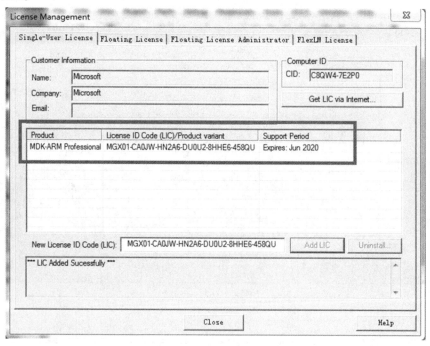

图 2-19　注册过程 3

3. Keil4 软件配置

（1）在资料包 NB-IoT 中找到对应的工程目录 BC20Code，在 project 文件夹中双击打开工程文件。图 2-20 所示是工程文件。

图 2-20 工程文件

(2)打开工程文件后，在 Keil4 工作界面中可以看到编译和下载工具。编译工具用于编译软件，下载工具用于将编译生成之后的文件下载到对应的硬件。图 2-21 所示是编译与下载过程 1，图 2-22 所示是编译与下载过程 2。

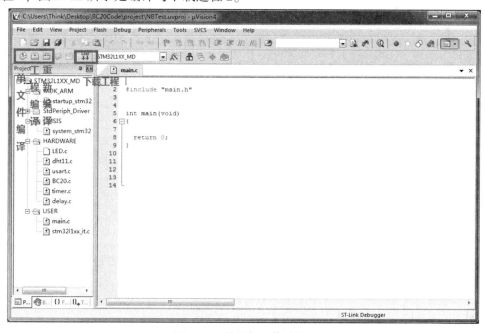

图 2-21 编译与下载过程 1

图 2-22　编译与下载过程 2

▶▶▶ 2.2.5　思政课堂 ▶▶▶

思政小故事│徐立平：为铸"利剑"，不畏艰险

徐立平是航天科技特级技师，自 1987 年参加工作以来，他 30 余年一直从事固体火箭发动机药面整形工作，该工作是固体火箭发动机生产过程中非常危险的工序之一，被喻为"雕刻火药"。多年来，他多次承担战略导弹、战术导弹、载人航天、固体运载等国家重大专项武器装备生产任务，次次不辱使命。工艺要求 0.5 毫米的整形误差，他却始终控制在 0.2 毫米内。在重点型号研制生产中，他经常被指定为唯一操作者。在高危险、高精度、进度紧等严苛的生产条件下，经他整形的产品型面均一次合格，尺寸从无超差。多年来，他先后数十次参与发动机缺陷修补型号攻关，并创新实现了真空灌浆、加压注射等修补工艺。在某重点战略导弹发动机脱粘原因分析中，他凭借扎实的技能和超人的勇气，钻入发动机腔、精准定位并对缺陷部位完成挖药、修补，修补后的发动机最终成功试车，保障了国家重点战略导弹研制计划顺利进行，为国家挽回数百万元的损失。为解决手工面对面操作带来的安全隐患，徐立平带领班组开展机械整形技术攻关，推动实现了包括"神舟"系列在内的 20 余种发动机远距离数控整形，填补了国内技术空白。

从 1987 年参加工作至今，他一直从事着极其危险的航天发动机固体动力燃料药面的微整形工作，相当于在炸药堆里雕刻火药。他在工作中不断摸索、实践，自学数控知识并亲手设计出多个改良设备，大大提升了药面雕刻精准度。他为火箭上天、神舟遨游、北斗导航、嫦娥探月等一系列国家重大工程任务"精雕细刻"，以匠人之心，助力着大国的航天梦。

2.3　传感器数据采集

▶▶ 2.3.1　点亮 LED ▶▶ ▶

大多数人都是从点亮 LED 开始学习单片机的，学习 NB-IoT 也不例外。通过点亮 LED，能帮助我们对编译环境和程序框架有一定的认识，为以后的学习打下基础，增强信心。

图 2-23 所示是 NB-IoT 底板和 LED 原理图。

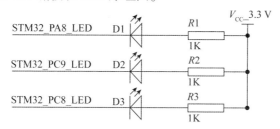

图 2-23　NB-IoT 底板和 LED 原理图

在设置 NB-IoT 的 IO 口时，需要配置 GPIO 的寄存器，同时还需要使能 GPIOA、GPIO 口所在的总线时钟。详细设置请读者参考 STM32L 系列芯片的帮助文档。

这里以 PA8、PC9、PC8 为例进行讲解。首先找到 GPIOC 所在的总线。表 2-1 所示是部分外设边界地址以及所属总线。

表 2-1　部分外设边界地址以及所属总线

边界地址	外设	总线
0xA000 0000–0xA000 0FFF	FSMC	AHB
0x5006 0000–0x5006 03FF	AES	
0x4002 6400–0x4002 67FF	DMA2	
0x4002 6000–0x4002 63FF	DMA1	
0x4002 3C00–0x4002 3FFF	Flash memory interface	
0x4002 3800–0x4002 3BFF	RCC	
0x4002 3000–0x4002 33FF	CRC	
0x4002 1C00–0x4002 1FFF	GPIOG	
0x4002 1800–0x4002 1BFF	GPIOF	
0x4002 1400–0x4002 17FF	GPIOH	
0x4002 1000–0x4002 13FF	GPIOE	
0x40020C00–0x4002 0FFF	GPIOD	
0x4002 0800–0x4002 0BFF	GPIOC	
0x4002 0400–0x4002 07FF	GPIOB	
0x4002 0000–0x4002 03FF	GPIOA	

注：Flash memory interface 为闪存接口。

根据上表可以得到所操作的外设 GPIOC 的边界地址以及所属总线 AHB，以及时钟的边界地址。现在把时钟使能，图 2-24 所示是 AHB 时钟使能寄存器。

31	30	29	28	27	26	25	24	23	22	21	20	19	18	17	16
Res.	FSMC EN	Reserved		AES EN	Res.	DMA2 EN	DMA1 EN	Reserved							
	rw			rw		rw	rw								

15	14	13	12	11	10	9	8	7	6	5	4	3	2	1	0
FLITF EN	Reserved		CRC EN	Reserved				GPIOG EN	GPIOF EN	GPIOH EN	GPIOE EN	GPIOD EN	GPIOC EN	GPIOB EN	GPIOA EN
rw			rw					rw	rw	rw	rw	rw	rw	rw	rw

0：IO 接口 x 时钟禁用

1：IO 接口 x 时钟使能

图 2-24　AHB 时钟使能寄存器

这里需要把 GPIOA、GPIOC 的时钟使能。时钟使能过后，就需要配置 GPIO 寄存器，这里点亮 LED，配置模式寄存器和数据寄存器。图 2-25 所示是模式寄存器。

31	30	29	28	27	26	25	24	23	22	21	20	19	18	17	16
MODER15[1:0]		MODER14[1:0]		MODER13[1:0]		MODER12[1:0]		MODER11[1:0]		MODER10[1:0]		MODER9[1:0]		MODER8[1:0]	
rw	rw	rw	rw	rw	rw	rw	rw	rw	rw	rw	rw	rw	rw	rw	rw

15	14	13	12	11	10	9	8	7	6	5	4	3	2	1	0
MODER7[1:0]		MODER6[1:0]		MODER5[1:0]		MODER4[1:0]		MODER3[1:0]		MODER2[1:0]		MODER1[1:0]		MODER0[1:0]	
rw	rw	rw	rw	rw	rw	rw	rw	rw	rw	rw	rw	rw	rw	rw	rw

图 2-25　模式寄存器

这里需要配置为输出模式，因此要把模式寄存器置 1。

图 2-26 所示是输出数据寄存器。

31	30	29	28	27	26	25	24	23	22	21	20	19	18	17	16
Reserved															

15	14	13	12	11	10	9	8	7	6	5	4	3	2	1	0
ODR 15	ODR 14	ODR 13	ODR 12	ODR 11	ODR 10	ODR 9	ODR 8	ODR 7	ODR 6	ODR 5	ODR 4	ODR 3	ODR 2	ODR 1	ODR 0
rw	rw	rw	rw	rw	rw	rw	rw	rw	rw	rw	rw	rw	rw	rw	rw

图 2-26　输出数据寄存器

根据图 2-23 可知，要点亮 PA8、PC9、PC8 这 3 个 LED，需要给低电平，因此需要置 0。

图 2-27 所示是点亮 LED 的源代码。

```
/*********************************************************************
程序描述：点亮LED实验
*********************************************************************/
#include "main.h"

void LED_init()
{
    GPIO_InitTypeDef   GPIO_InitStructure;  //定义结构体对象
    RCC_AHBPeriphClockCmd(RCC_AHBPeriph_GPIOA, ENABLE);    //使能 GPIOA 时钟
    GPIO_InitStructure.GPIO_Mode = GPIO_Mode_OUT; //设置模式为输出
    GPIO_InitStructure.GPIO_Pin = GPIO_Pin_8 ;
    GPIO_InitStructure.GPIO_OType = GPIO_OType_PP;   //推挽复用输出
    GPIO_InitStructure.GPIO_PuPd = GPIO_PuPd_UP;     //上拉
    GPIO_Init(GPIOA, &GPIO_InitStructure);
    GPIO_ResetBits(GPIOA,GPIO_Pin_8);
}
int main()
{
  LED_init();
}
```

图 2-27　点亮 LED 的源代码

图 2-28 所示是点亮 LED 效果图。程序烧录进去后，可以看到绿色 LED 旁边 3 个红色 LED 被点亮。

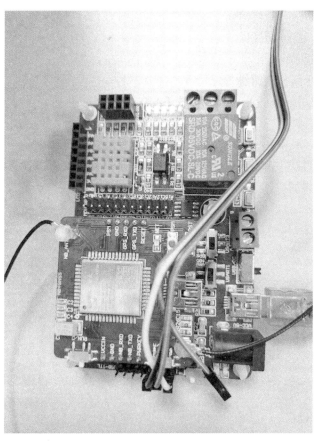

图 2-28　点亮 LED 效果图

▶▶ 2.3.2 收发串口数据 ▶▶ ▶

无论学习哪一款微控制器芯片，使用串口对于试验调试都是非常方便实用的。我们可以把程序中涉及的某些中间变量或其他程序状态信息打印输出进行调试，许多微控制器和计算机通信都是通过串口来实现的。下面介绍 NB-IoT 串口实验。

图 2-29 所示是 NB-IoT 底板的 USART1 标号。

43	STM32 PA10 USART1 RX
42	STM32 PA9 USART1 TX

图 2-29　USART1 标号

USART1 对应的引脚关系是 PA10-RX、PA9-TX。

在 NB-IoT 底板中，USART1 是串行通信接口，它能分别以异步 USART 模式或同步 SPI 模式运行。

USART 模式的操作特点如下。

(1)8 位或 9 位负载数据。

(2)奇校验、偶校验或无校验。

(3)配置起始位和停止位电平。

(4)独立收发中断。

本次实验使用的是 USART1。

串口配置的一般步骤如下。

(1)使能 GPIO 所属总线时钟。

(2)配置 IO，使用外部功能。此处配置 PA10 和 PA9。

(3)配置 GPIO 引脚模式、引脚速度以及输出模式等。

(4)使能 USART1 所属时钟总线。

(5)配置串口属性(包括波特率、字节长度、停止位、校验位以及模式等)。

(6)中断优先级设置。

(7)使能串口。

图 2-30 所示是串口收发源代码。

```
/**********************************************************************
程序描述：通过串口调试助手发送信息，将接收到的信息再发送回串口调试助手
**********************************************************************/
#include "main.h"
#include "usart.h"
#include "string.h"

void Clear_Buffer1(void)//清空串口1缓存
{
    buf_uart1.index=0;
    memset(buf_uart1.buf,0,BUFLEN);
}
```

图 2-30　串口收发源代码

```
/***************************串口一中断复合函数*****************************/
void USART1_IRQHandler(void)
{
    if(USART_GetITStatus(USART1, USART_IT_RXNE) != RESET)  //接收中断，可以扩展来控制
    {
        buf_uart1.buf[buf_uart1.index++] =USART_ReceiveData(USART1);//接收模块的数据
    }
    Uart1_SendStr(buf_uart1.buf);
    Clear_Buffer1();
}

/***************************时钟初始化函数*****************************/
void RCC_init()
{
    RCC_AHBPeriphClockCmd (RCC_AHBPeriph_GPIOA,ENABLE);//GPIOA
    RCC_APB2PeriphClockCmd(RCC_APB2Periph_USART1, ENABLE);  //使能USART1
    GPIO_PinAFConfig(GPIOA,GPIO_PinSource9,GPIO_AF_USART1);
    GPIO_PinAFConfig(GPIOA,GPIO_PinSource10,GPIO_AF_USART1);
}
/***************************GPIO配置函数*****************************/
void GPIO_init()
{
    GPIO_InitTypeDef GPIO_InitStructure;
    GPIO_InitStructure.GPIO_Pin = GPIO_Pin_9;//配置第九个IO
    GPIO_InitStructure.GPIO_Mode = GPIO_Mode_AF;//引脚设置为复用模式
    GPIO_InitStructure.GPIO_Speed = GPIO_Speed_10MHz;//引脚速度
    GPIO_InitStructure.GPIO_OType = GPIO_OType_PP; //推挽复用输出
    GPIO_InitStructure.GPIO_PuPd = GPIO_PuPd_UP; //上拉
    GPIO_Init(GPIOA, &GPIO_InitStructure);

    GPIO_InitStructure.GPIO_Pin = GPIO_Pin_10;//配置第十个IO
    GPIO_InitStructure.GPIO_Mode = GPIO_Mode_AF;//引脚设置为复用模式
    GPIO_Init(GPIOA, &GPIO_InitStructure);
}

/***************************优先级配置函数*****************************/
void NVIC_init()
{
    NVIC_InitTypeDef NVIC_InitStructure;
    NVIC_InitStructure.NVIC_IRQChannel = USART1_IRQn;
    NVIC_InitStructure.NVIC_IRQChannelPreemptionPriority=3;//抢占优先级3
    NVIC_InitStructure.NVIC_IRQChannelSubPriority = 3;     //子优先级3
    NVIC_InitStructure.NVIC_IRQChannelCmd = ENABLE;       //IRQ通道使能
    NVIC_Init(&NVIC_InitStructure); //根据指定的参数初始化VIC寄存器
}
/***************************串口配置函数*****************************/
void USART_init()
{
    USART_InitTypeDef USART_InitStructure;
    USART_InitStructure.USART_BaudRate = 9600;//设置波特率
    USART_InitStructure.USART_WordLength = USART_WordLength_8b;//字长为8位数据格式
    USART_InitStructure.USART_StopBits = USART_StopBits_1;//一个停止位
    USART_InitStructure.USART_Parity = USART_Parity_No;//无奇偶校验位
    USART_InitStructure.USART_HardwareFlowControl = USART_HardwareFlowControl_None;//无硬件数据流控制
    USART_InitStructure.USART_Mode = USART_Mode_Rx | USART_Mode_Tx; //收发模式

    USART_Init(USART1, &USART_InitStructure); //初始化串口
    USART_ITConfig(USART1, USART_IT_RXNE, ENABLE);//开启中断
    USART_Cmd(USART1, ENABLE);                   //使能串口
}
int main()
{
    RCC_init();//调用时钟配置函数
    GPIO_init();//调用GPIO配置函数
    NVIC_init();//调用优先级配置函数
    USART_init();//调用串口配置函数
}
```

图 2-30　串口收发源代码(续)

通过串口调试助手发送信息，串口接收中断检测到有消息，将调用中断服务函数，将收到的信息发回串口调试助手。图 2-31 所示是串口数据收发效果。

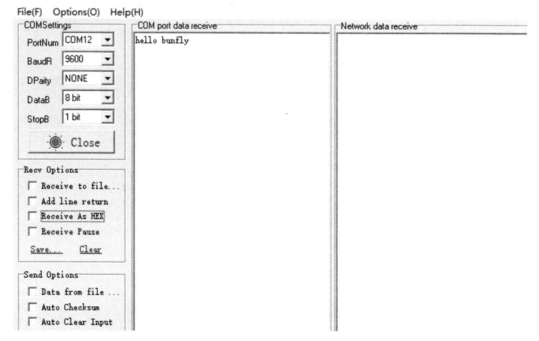

图 2-31　串口数据收发效果

▶▶▶ 2.3.3　采集温湿度数据 ▶▶▶

DHT11 数字温湿度传感器是一款含有已校验数字信号输出的温湿度复合传感器，它应用专用的数字模块采集技术和温湿度传感技术，确保产品具有极高的可靠性和卓越的长期稳定性。传感器包括一个电阻式感湿元件和一个 NTC 测温元件，与一个高性能 8 位单片机相连。该产品具有超快响应、抗干扰能力强、性价比高等优点。每个 DHT11 传感器都能够进行极为精确的温湿校验，校验系数以程序的形式存在于内存中，传感器内部在检测信号的处理过程中要调用这些校验系数。单线制串行接口使系统集成更加简易快捷，超小的体积、极低的功耗，信号传输距离可达 20 米以上，使其成为该类应用的最佳选择。图 2-32 所示是 DHT11 实物图及电路图。

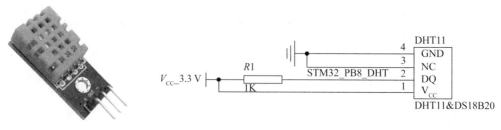

图 2-32　DHT11 实物图及电路图

完成对 DHT11 的驱动(驱动 DHT11 需要根据时序图完成)，图 2-33 所示是驱动 DHT11

时序图。

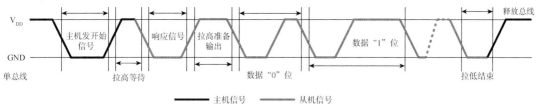

图 2-33 驱动 DHT11 时序图

图 2-34 所示是 DHT11 驱动程序。

```c
#include "dht11.h"
//设置输入
void DHT11_IO_IN(void)
{
    GPIO_InitTypeDef GPIO_InitStruct;
    /*Configure GPIO pin : PB8 */
    GPIO_InitStruct.GPIO_Pin = GPIO_Pin_8;
    GPIO_InitStruct.GPIO_Mode = GPIO_Mode_IN;
    GPIO_InitStruct.GPIO_PuPd = GPIO_PuPd_UP;
    GPIO_Init(GPIOB, &GPIO_InitStruct);
}
//设置输出
void DHT11_IO_OUT(void)
{
    GPIO_InitTypeDef GPIO_InitStruct;
    GPIO_InitStruct.GPIO_Pin = GPIO_Pin_8;
    GPIO_InitStruct.GPIO_Mode = GPIO_Mode_OUT;
    GPIO_InitStruct.GPIO_PuPd = GPIO_PuPd_UP;
    GPIO_Init(GPIOB, &GPIO_InitStruct);
}

//复位DHT11
void DHT11_Rst(void)
{

//检查DHT11是否存在: 1不存在, 0存在
uint8_t DHT11_Check(void)
{
    uint8_t retry=0;
    DHT11_IO_IN();//SET INPUT
    while (DHT11_DQ_IN&&retry<100)//DHT11延时40~80微秒
    {
        retry++;
        delay_us(3);// 1us
    };
    if(retry>=100)return 1;
    else retry=0;
    while (!DHT11_DQ_IN&&retry<100)//DHT11延时40~80微秒
    {
        retry++;
        delay_us(3);
    };
    if(retry>=100)return 1;
    return 0;
}
```

图 2-34 DHT11 驱动程序

```
//读取单个位数据
uint8_t DHT11_Read_Bit(void)
{
    uint8_t retry=0;
    while (DHT11_DQ_IN&&retry<100)//DHT11延时40~80微秒
    {
        retry++;
        delay_us(3);
    }
    retry=0;
    while (!DHT11_DQ_IN&&retry<100)//DHT11延时40~80微秒
    {
        retry++;
        delay_us(3);
    }
    delay_us(50);//??40us
    if(DHT11_DQ_IN)
        return 1;
    else
        return 0;
}
//读取字节数据值
uint8_t DHT11_Read_Byte(void)
{
    uint8_t i,dat;
    dat=0;
    for (i=0;i<8;i++)
    {
        dat<<=1;
        dat|=DHT11_Read_Bit();
    }
    return dat;
}
//读取温湿度数据值
uint8_t DHT11_Read_Data(uint8_t *temp,uint8_t *humi)
{
    uint8_t buf[5];
    uint8_t i;
    DHT11_Rst();
    if(DHT11_Check()==0)
    {
        for(i=0;i<5;i++)//读取40位数据
        {
            buf[i]=DHT11_Read_Byte();
        }
        if((buf[0]+buf[1]+buf[2]+buf[3])==buf[4])
        {
            *humi=buf[0];
            *temp=buf[2];
        }
    }else return 1;
    return 0;
}
//初始化DHT11温湿度传感器
uint8_t DHT11_Init(void)
{
    RCC_AHBPeriphClockCmd(RCC_AHBPeriph_GPIOB, ENABLE);
    DHT11_Rst();   //复位DHT11
    return DHT11_Check();//查看DHT11返回
}
```

图 2-34　DHT11 驱动程序 (续)

驱动 DHT11 后，在串口调试助手中把采集到的数据打印出来。图 2-35 所示是采集的温湿度数据(注：温度单位为摄氏度)。

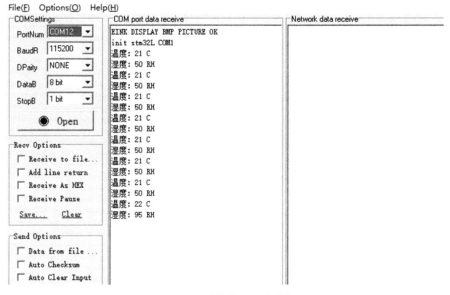

图 2-35 采集的温湿度数据

2.3.4 发送温湿度数据

UDP 是 OSI 参考模型中一种无连接的传输层协议，它主要用于不要求分组顺序到达的传输中。分组传输顺序的检查与排序由应用层完成，UDP 提供面向事务的简单不可靠信息传输服务。UDP 基本上是 IP 与上层协议的接口。UDP 适用接口分别运行在同一台设备上的多个应用程序。

上一节已经采集到了温湿度数据，现在通过 UDP 将温湿度数据传输到服务器。图 2-36 所示是主函数源代码。

```
/********************************************************************
程序描述：采集温湿度数据，通过UDP 将数据传输到服务器
********************************************************************/
#include "main.h"
#include "led.h"
#include "usart.h"
#include "dht11.h"
#include "delay.h"
#include "BC20.h"
#include <string.h>
extern char cardid[40];
int main(void)
{
  u8 temp = 0, humi = 0;
  char len[20] = {0}, data[50] = {0};
  int ret = 0;
  LED_Init();
  delay_init();
  uart1_init(115200);
```

图 2-36 主函数源代码

```
uart2_init(115200);
uart3_init(115200);
//delay_ms(2000);

while(DHT11_Init());
printf("=======DHT11 init complete=======\n");
while(BC20_Init()) {};
BC20_PDPACT();
BC20_ConUDP();
printf("=======BC20 init complete=======\n");

while(1) {
    DHT11_Read_Data(&temp, &humi);
    printf("card_id is %s, temp = %d,humi = %d\n", cardid, temp, humi);
    ret = sprintf(data, "%s+temp = %d, humi = %d", cardid, temp, humi);
    sprintf(len, "%d", ret );
    BC20_Senddata((uint8_t *)len, (uint8_t *)data);//发数据
    Delay(1000);
    BC20_RECData();
    delay_ms(2000);
}
}
```

图 2-36　主函数源代码(续)

图 2-37 所示是发送的温湿度数据，下面进行数据打包，格式为"卡号+温湿度"，例如"409192031991+tmp=22，humi=55"，其中的 409192031991 为获取的卡号，22 为采集到的温度，55 为采集到的湿度。

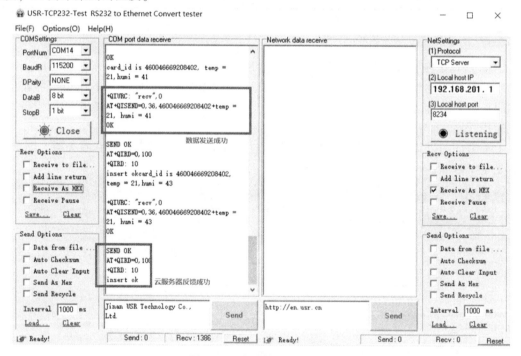

图 2-37　发送的温湿度数据

如果服务器将成功接收到的数据存进云服务器 MySQL 数据库中，云服务器将返回"insert ok"的消息，否则没有消息返回。

▶▶▶ 2.3.5　思政课堂 ▶▶▶ ▶

思政小故事 | 张路明：追求卓越，永无止境

张路明长期扎根专业技术一线，从事无线通信射频电路设计工作，几十年如一日埋头钻研，聚焦军工通信核心关键技术研究和产品研制，先后突破了短波小型化射频信道的"机芯平台"和"高速跳频"软切换技术、"抗强干扰"同轴腔体滤波器、"超宽带大动态"低噪声放大技术等数十项关键技术，其中多项技术达到了世界领先水平，突破了国外在高性能短波侦收、小型化高性能抗干扰电台、超宽带短波通信系统等方面的技术封锁。他参与研制了共4代(模拟、数字、自适应、自动)短波、超短波通信系统数十个型号的产品，使我国的短波、超短波电台等军工通信装备与世界领先水平同步发展。他从1988年至今负责研制"100 W短波自适应通信系统""××战术短波跳频电台""舰艇遇险救生通信系统""125 W自适应电台""软件无线电网关"等多个项目。我国自主研发制造的战斗机"歼20"是国防重器，意义重大且影响深远，他负责其中的"X20机载短波通信设备"项目，指导确定技术路线和技术方案。通过试飞验证，该技术方案基本解决了机载短波通信设备发射效率低的问题，提升了有效通信距离，满足了飞机远距离覆盖的要求。

他坚守科研一线近40年，在无线通信领域有着"战神"称号。他主导研发了我国4代短波通信产品，曾带领团队成功解决边海防通信难题，他和团队助力新一代战机、新一代通信网络等重大项目和重大工程的建设与应用，屡屡为我国无线通信技术的发展与进步立下功勋。

2.4　TCP/IP 网络通信

此部分知识介绍请参考1.5节内容。

▶▶▶ 2.4.1　UDP 网络 ▶▶▶ ▶

此部分知识介绍请参考1.5.1小节内容。

服务端程序源代码如下。

```
#include <stdio. h>
#include <stdlib. h>
#include <string. h>
#include <arpa/inet. h>
#include <netinet/in. h>
#include <sys/socket. h>
#include <netdb. h>
#include <fcntl. h>

#define    BUFSIZE 1024
#define    PORT        8000
typedef struct sockaddr SA;
```

```
int main( int argc, char * argv[] )
{
    int sock_des;                          /* 套接字描述符 */
    struct sockaddr_in sock_server;        /* 服务端地址结构 */
    struct sockaddr_in sock_client;        /* 客户端地址结构 */

    char recive_buf[BUFSIZE];              /* 接收数据的缓冲 */
    int len=sizeof(sock_client);

    sock_des=socket(AF_INET, SOCK_DGRAM, 0);
    sock_server. sin_port=htons(PORT);
    sock_server. sin_family=AF_INET;
    sock_server. sin_addr. s_addr=INADDR_ANY;

    if (bind(sock_des, (SA*)(&sock_server), sizeof(sock_server))==-1){
        printf("bind failed. \n");
        exit( 1 );
    }

    memset( recive_buf, 0, BUFSIZE );
    recvfrom(sock_des, recive_buf, BUFSIZE, 0,
        (struct sockaddr*)(&sock_client), &len);
    printf("recive_buf=% s\n", recive_buf);

    return 0;
}
```

客户端程序源代码如下。

```
/* * * * * * * * * * * * * * * * * * * * * * * * * * * * * * * * * *
#include <stdio. h>
#include <stdlib. h>
#include <string. h>
#include <unistd. h>
#include <arpa/inet. h>
#include <netinet/in. h>
#include <sys/socket. h>
#include <netdb. h>

#define PORT 8000
typedef struct sockaddr SA;
```

```
int main( int argc, char * argv[] )
{
    int sock;
    char * str="hello. ";
    struct sockaddr_in sin;

    sin. sin_addr. s_addr=inet_addr("127. 0. 0. 1");
    sin. sin_port=htons(PORT);
    sin. sin_family=AF_INET;

    sock=socket(AF_INET, SOCK_DGRAM, 0);
    sendto( sock, (void* )str, strlen(str), 0,
        (SA* )(&sin), sizeof(sin));
    return 0;
}
```

2.4.2　TCP 网络

此部分知识介绍请参考 1.5.2 小节内容。
服务端程序源代码如下。

```
/* * * * * * * * * * * * * * * * * * * * * * * * * * * * * * * * *

#include <stdio. h>
#include <unistd. h>
#include <arpa/inet. h>
#include <netdb. h>
#include <sys/socket. h>
#include <netinet/in. h>
#include <stdlib. h>

#define PORT      8000
#define BUF_SIZE 100
typedef struct sockaddr SA;

int main(int argc, char * argv[])
{
    int sockdes;
    int socklis;

    struct sockaddr_in hin;
    struct sockaddr_in clin;
```

```c
int addr_len=sizeof(struct sockaddr_in);

char buf[BUF_SIZE];

sockdes=socket(AF_INET, SOCK_STREAM, 0);
hin. sin_addr. s_addr=INADDR_ANY;
hin. sin_family=AF_INET;
hin. sin_port=htons(PORT);

if (bind(sockdes, (SA* )&hin, sizeof(hin))==-1){
    printf("bind failed. \n");
    exit( 1 );
}

/*  set port address reuse, 1 is resue, 0 is not reuse   * /
int one=1;
setsockopt(sockdes, SOL_SOCKET,
    SO_REUSEADDR, &one, sizeof(one) );

printf("listening ... \n");
if (listen(sockdes, 20)==-1){
    printf("listen fail\n");
    exit(1);
}

socklis=accept(sockdes, (SA* )&clin, &addr_len);
int rec=0;
if ( (rec=recv(socklis, buf, BUF_SIZE, 0))==-1){
    printf("recv failed. \n");
}
printf("recive %d bytes and buf is : %s\n",rec, buf);
close(socklis);
close(sockdes);
return 0;
}
```

客户端程序源代码如下。

```c
#include <stdio. h>
#include <string. h>
#include <arpa/inet. h>
#include <netdb. h>
#include <sys/socket. h>
```

```c
#include <netinet/in. h>
#include <stdlib. h>

#define PORT    8000
typedef struct sockaddr SA;
int main(int argc, char * argv[])

{
    int sockdes;
    struct sockaddr_ in sin;
    char * str="hello test";

    sockdes=socket(AF_INET, SOCK_STREAM, 0);
    if (sockdes==-1){
        printf("sock fail\n");
    }

    sin. sin_ port=htons(PORT);
    sin. sin_ family=AF_INET;
    sin. sin_ addr. s_ addr=inet_ addr("127. 0. 0. 1");

    if (connect(sockdes, (SA* )&sin, sizeof(sin))==-1){
        printf("connect failed. \n");
        exit(1);
    }

    int send_ num=0;
    send_ num=send( sockdes, str, strlen(str), 0 );
    printf("send % d bytes. \n", send_ num );

    close(sockdes);
    return 0;
}
```

▶▶▶ 2.4.3　思政课堂 ▶▶▶

思政小故事│刘丽：过硬功夫，源自"铁人"

　　刘丽始终以"我为祖国献石油，保障国家能源安全"为己任，坚守在生产一线，苦练本领。她专注于解决生产难题，研发各类成果达 200 余项，获国家及省部级奖项 33 项、国家专利及知识产权 41 项。她研制的"上下可调式盘根盒"使操作时间缩短了 3/4，填料使用寿命延长 6 倍，在 60 000 多口油井应用，年节约维修工时 10 万小时，节电 2.4 亿多度。她研发的"螺杆泵井新型封井器装置"等成果填补了国际国内技术空白，累计多产油 60 000 多吨。

作为中国石油天然气集团公司技能专家协作委员会主任，刘丽带领专家团队跋涉 17 万公里，走遍石油、炼化、石化生产现场，攻克石油生产难题 1 000 余项，取得国家专利 704 项，技术技能成果获奖 2 081 项，为油气勘探领域技术技能进步提供了有力支撑。

她扎根采油井场近 30 年，用勤奋与坚韧解决了一个个生产难题。她带领"刘丽工作室"全体成员，先后实现技术革新 1 048 项，用团结与创新培养了一批批石油人才，在实干与奋斗中传承大庆精神、铁人精神、石油精神。

2.5 交叉编译环境搭建

▶▶▶ 2.5.1 Tiny4412 开发板 ▶▶ ▶

　　Tiny4412 开发板是一款高性能的四核 Cortex-A9 开发板，由 ARM 公司设计、三星公司生成片上系统，最终由广州友善之臂公司制成。该开发板运行频率最高可达 1.5 GHz，三星旗舰手机 Galaxy S3 和平板电脑 Note2 均大量采用该款开发板。

　　开发板的底板带有各种常见的标准接口，如 HDMI 输出接口 USB 接口、SD 卡接口、DB9 串口、RJ-45 以太网口、音频输入/输出接口等；还有一些在板资源测试器件，如 EEP-ROM、蜂鸣器、按键、GPIO 接口、SDIO 接口等，以便用户全面地评估和使用核心板（该开发板尤其适合高校学生使用）。图 2-38 所示是 Tiny4412 实物及部件图。

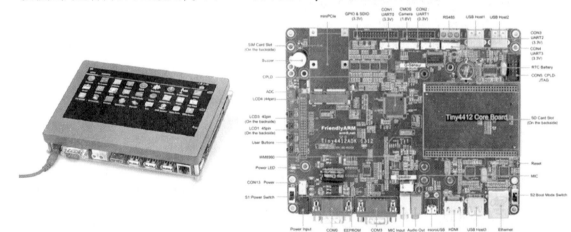

图 2-38　Tiny4412 实物及部件图

　　将软件压缩包复制到 home 目录下，就可以看到图 2-39 所示的软件资料包。

```
[root@localhost 5G-IoT]# ls
cross_compile  datasheet  images  NBIoTData.tar.gz  rootfs  schematics  source_code
```

图 2-39　软件资料包

　　主要的软件资料如下。

cross_compile：交叉编译器。

rootfs：Linux 文件系统压缩包。

datasheet：各种软硬件的英文文档。

images：编译好的 uboot 和内核镜像。

schematics：ARM 开发板的电路图。

source_code：Linux、uboot、数据库等的源代码包。

NBIoTData. tar. gz：keil4 开发工具、STM32 用户手册、开发板原理图、驱动程序、串口和网络调试助手、源代码例程等。

▶▶▶ 2.5.2　minicom 工具 ▶▶ ▶

（1）启动 minicom，执行命令 minicom -s，进入配置界面。图 2-40 所示是 minicom 的配置界面。

```
+-----[configuration]------+
| Filenames and paths      |
| File transfer protocols  |
| Serial port setup .      |
| Modem and dialing        |
| Screen and keyboard      |
| Save setup as dfl        |
| Save setup as..          |
| Exit                     |
| Exit from Minicom        |
+--------------------------+
```

图 2-40　minicom 的配置界面

（2）将 USB 转串口线配置为/dev/ttyUSB0（或者直接串口线/dev/ttyS0），然后将通信参数设置为 115200 8N1。图 2-41 所示是 minicom 参数配置。

```
+------------------------------------------------+
| A -    Serial Device    : /dev/ttyUSB0         |
| B - Lockfile Location   : /var/lock            |
| C -   Callin Program    :                      |
| D -  Callout Program    :                      |
| E -    Bps/Par/Bits     : 115200 8N1           |
| F - Hardware Flow Control : No                 |
| G - Software Flow Control : No                 |
|                                                |
|   Change which setting? □                      |
+------------------------------------------------+
        | Screen and keyboard      |
        | Save setup as dfl        |
        | Save setup as..          |
        | Exit                     |
        | Exit from Minicom        |
        +--------------------------+
```

图 2-41　minicom 参数配置

（3）进入 minicom，图 2-42 所示是 minicom 软件界面。

```
Welcome to minicom 2.3

OPTIONS: I18n
Compiled on Aug 19 2010, 05:48:57.
Port /dev/ttyUSB0

              Press CTRL-A Z for help on special keys

□
```

图 2-42　minicom 软件界面

（4）取下 SD 卡，插入开发板。将启动方式拨到 SD 卡方向，上电开机，minicom 软件中出现图 2-43 所示的 uboot 界面。（注意，开机后 3 秒内按键盘上的任意键才能进入该界面。）图 2-44 所示是 uboot 命令。

```
Compiled on Aug 19 2010, 05:48:57.
Port /dev/ttyUSB0

              Press CTRL-A Z for help on special keys

OK

U-Boot 2010.12 (Jan 05 2014 - 06:18:53) for TINY4412

CPU:    S5PC220 [Samsung SOC on SMP Platform Base on ARM CortexA9]
        APLL = 1400MHz, MPLL = 800MHz

Board:  TINY4412
DRAM:   1023 MiB

vdd_arm: 1.2
vdd_int: 1.0
vdd_mif: 1.1

BL1 version:  N/A (TrustZone Enabled BSP)


Checking Boot Mode ... SDMMC
REVISION: 1.1
MMC Device 0: 3781 MB
MMC Device 1: 7456 MB
MMC Device 2: N/A
Net:    No ethernet found.
Hit any key to stop autoboot:  0
TINY4412 #
TINY4412 #
```

图 2-43　uboot 界面

```
TINY4412 # print
baudrate=115200
bootargs=console=ttySAC0 root=/dev/nfs nfsroot=192.168.1.10:/home/kernel ip=192.168.1.20
bootcmd=movi read kernel 0 40008000;movi read rootfs 0 41000000 100000;bootm 40008000 41000000
bootdelay=3
ethaddr=00:40:5c:26:0a:5b
gatewayip=192.168.0.1
ipaddr=192.168.0.20
netmask=255.255.255.0
serverip=192.168.0.10

Environment size: 343/16380 bytes
TINY4412 #
```

图 2-44　uboot 命令

（5）在 uboot 界面中输入图 2-45 所示的命令，启动文件系统。

```
TINY4412 # set bootargs console=ttySAC0 root=/dev/nfs nfsroot=192.168.1.10:/home/kernel ip=192.168.1.20
TINY4412 # save
Saving Environment to SMDK bootable device...
done
TINY4412 #
```

图 2-45　在 uboot 界面中输入命令

至此，就可以在 minicom 软件中操作开发板了。

▶▶ 2.5.3 文件传输 ▶▶▶ ▶

(1)DNW 是一个在开发板与计算机之间通过数据线传输数据的工具。在计算机上进入 source_code 目录，执行图 2-46 所示的命令安装 DNW 软件。

```
[root@localhost source_code]# ls
boa-0.94.14rc21.tar.gz        dnw-linux.tar.gz        sqlite-3.6.16.tar.gz
busybox-1.17.2-20101120.tgz   linux-3.5-20131028.tgz  uboot_tiny4412-20130729.tgz
[root@localhost source_code]# tar xf dnw-linux.tar.gz
[root@localhost source_code]# cd dnw-linux
[root@localhost dnw-linux]# make && make install
```

图 2-46 安装 DNW 软件

(2)启动 DNW 软件，执行图 2-47 所示的命令，将 images 目录下的 zImage 文件传输至开发板，如图 2-48 所示。

```
TINY4412 #
TINY4412 #
TINY4412 # dnw 40008000
OTG cable Connected!
Now, Waiting for DNW to transmit data
```

```
[root@localhost images]# dnw zImage
load address: 0x57E00000
Writing data...
100%    0x0048EDA2 bytes (4667 K)
speed: 6.428795M/S
[root@localhost images]#
```

图 2-47 在 DNW 软件中执行命令　　　　　图 2-48 zImage 文件传输

(3)启动 Linux，开发板执行图 2-49 所示的程序就表示 Linux 内核启动成功。

```
REVISION: 1.1
MMC Device 0: 3781 MB
MMC Device 1: 7456 MB
MMC Device 2: N/A
Net:    No ethernet found.
Hit any key to stop autoboot:  0
TINY4412 #
TINY4412 #
TINY4412 #
TINY4412 # dnw 40008000
OTG cable Connected!
Now, Waiting for DNW to transmit data
Download Done!! Download Address: 0x40008000, Download Filesize:0x48ed98
Checksum is being calculated.....
Checksum O.K.
TINY4412 # bootm 40008000
Boot with zImage

Starting kernel ...

Uncompressing Linux... done, booting the kernel.
[    0.000000] Booting Linux on physical CPU 0
[    0.000000] Initializing cgroup subsys cpu
[    0.000000] Linux version 3.5.0-FriendlyARM (root@localhost.localdomain) (gcc version 4.5.1 (ctng-1.8.1-FA) ) #1 SMP PREE4
[    0.000000] CPU: ARMv7 Processor [413fc090] revision 0 (ARMv7), cr=10c5387d
[    0.000000] CPU: PIPT / VIPT nonaliasing data cache, VIPT aliasing instruction cache
[    0.000000] Machine: TINY4412
[    0.000000] cma: CMA: reserved 32 MiB at 6d800000
[    0.000000] Memory policy: ECC disabled, Data cache writealloc
[    0.000000] CPU EXYNOS4412 (id 0xe4412011)
[    0.000000] S3C24XX Clocks, Copyright 2004 Simtec Electronics
```

图 2-49 开发板上执行的程序

▶▶▶ 2.5.4 网络文件系统 ▶▶ ▶

网络文件系统(Network File System，NFS)是 FreeBSD 支持的文件系统中的一种，它允许网络中的计算机之间通过 TCP/IP 共享资源。本地 NFS 的客户端应用可以透明地读写位于远程 NFS 服务端上的文件，就像访问本地文件一样。

NFS 分为客户端和服务端，下面将计算机作为服务端，将 Tiny4412 开发板作为客户端。

（1）复制 rootfs 文件夹中的 kernel 目录至 home 目录下并解压，然后打开 etc 文件夹中的 exports 文件。图 2-50 所示是解压程序。

```
[root@localhost home]# vim /etc/exports
[root@localhost home]#
```

图 2-50　解压程序

（2）在其中加入图 2-51 所示的 NFS 配置信息。

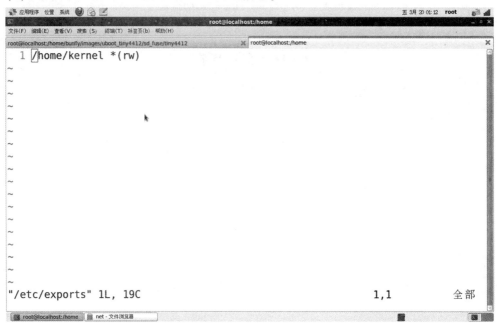

图 2-51　NFS 配置信息

重启 NFS 服务，如图 2-52 所示。

```
[root@localhost home]# service nfs restart
关闭 NFS 守护进程：
关闭 NFS mountd：
关闭 NFS quotas：
关闭 NFS 服务：
Shutting down RPC idmapd:
启动 NFS 服务：
关掉 NFS 配额：
启动 NFS mountd：
启动 NFS 守护进程：
正在启动 RPC idmapd:
[root@localhost home]#
```

图 2-52　重启 NFS 服务

（3）关闭防火墙，将计算机的 IP 配置为 192.168.1.10，如图 2-53 所示。

（4）再次重启开发板，通过 DNW 将 zImage 文件传输至开发板，就能成功进入 Linux。

```
root@localhost:/home/bunfly/images/uboot_tiny4412/sd_fuse/tiny4412          ✕   root@localhost:/home                    ✕
[root@localhost home]# service iptables stop
[root@localhost home]# ifconfig eth0 192.168.1.10
[root@localhost home]# □
```

图 2-53　关闭防火墙并配置 IP

▶▶▍2.5.5　安装交叉编译器 ▶▶ ▶

（1）计算机进行程序的编辑和编译，然后将其发送到开发板上运行。解压 cross_compile 目录下的压缩文件，并将 2.5.1 文件夹复制到/usr/local/目录下。图 2-54 所示是解压交叉编译器。图 2-55 所示是将交叉编译器复制到/usr/local/目录下。

```
[root@localhost cross_compile]# ls
arm-linux-cross-compile.tgz
[root@localhost cross_compile]# tar xf arm-linux-cross-compile.tgz
[root@localhost cross_compile]# ls
4.5.1   arm-linux-cross-compile.tgz
[root@localhost cross_compile]#
```

图 2-54　解压交叉编译器

```
[root@localhost cross_compile]# mv 4.5.1/ /usr/local/
[root@localhost cross_compile]# ls -l /usr/local/
总用量 44
dr-xr-xr-x. 7 root root 4096 9月  28 2010 4.5.1
drwxr-xr-x. 2 root root 4096 3月   3 16:02 bin
drwxr-xr-x. 3 root root 4096 12月 19 2019 doc
drwxr-xr-x. 2 root root 4096 9月  23 2011 etc
drwxr-xr-x. 2 root root 4096 9月  23 2011 games
drwxr-xr-x. 3 root root 4096 3月   3 16:03 include
drwxr-xr-x. 6 root root 4096 3月   3 16:03 lib
drwxr-xr-x. 3 root root 4096 3月   3 16:02 libexec
drwxr-xr-x. 2 root root 4096 12月 19 2019 sbin
drwxr-xr-x. 7 root root 4096 3月   3 16:03 share
drwxr-xr-x. 2 root root 4096 9月  23 2011 src
[root@localhost cross_compile]#
```

图 2-55　将交叉编译器复制到/usr/local/目录下

（2）打开 etc 文件夹中的 profile 文件，在最后添加 export PATH = $ PATH：/usr/local/ 4.5.1/bin。

图 2-56 所示是添加的环境变量。

```
80 export PATH=$PATH:/usr/local/4.5.1/bin
```

图 2-56　添加的环境变量

（3）测试软件是否可用，如图 2-57 所示。

```
[root@localhost cross_compile]# source /etc/profile
[root@localhost cross_compile]# arm-
arm-linux-addr2line                arm-none-linux-gnueabi-addr2line
arm-linux-ar                       arm-none-linux-gnueabi-ar
arm-linux-as                       arm-none-linux-gnueabi-as
arm-linux-c++                      arm-none-linux-gnueabi-c++
arm-linux-cc                       arm-none-linux-gnueabi-cc
arm-linux-c++filt                  arm-none-linux-gnueabi-c++filt
arm-linux-cpp                      arm-none-linux-gnueabi-cpp
arm-linux-g++                      arm-none-linux-gnueabi-g++
arm-linux-gcc                      arm-none-linux-gnueabi-gcc
arm-linux-gcc-4.5.1                arm-none-linux-gnueabi-gcc-4.5.1
arm-linux-gccbug                   arm-none-linux-gnueabi-gccbug
arm-linux-gcov                     arm-none-linux-gnueabi-gcov
arm-linux-gprof                    arm-none-linux-gnueabi-gprof
arm-linux-ld                       arm-none-linux-gnueabi-ld
arm-linux-ldd                      arm-none-linux-gnueabi-ldd
arm-linux-nm                       arm-none-linux-gnueabi-nm
arm-linux-objcopy                  arm-none-linux-gnueabi-objcopy
arm-linux-objdump                  arm-none-linux-gnueabi-objdump
arm-linux-populate                 arm-none-linux-gnueabi-populate
arm-linux-ranlib                   arm-none-linux-gnueabi-ranlib
arm-linux-readelf                  arm-none-linux-gnueabi-readelf
arm-linux-size                     arm-none-linux-gnueabi-size
arm-linux-strings                  arm-none-linux-gnueabi-strings
arm-linux-strip                    arm-none-linux-gnueabi-strip
[root@localhost cross_compile]# ▮
```

图 2-57　进行测试

（4）接下来就可编写简单的程序并在开发板上运行。编写程序文件 test. c，代码如下。

```
#include <stdio. h>
int main()
{
    printf("hello test\n");
    return 0;
}
```

（5）运行程序之前先要编译，图 2-58 所示是编译后的程序。

```
[root@localhost kernel]# arm-none-linux-gnueabi-gcc test.c -o test
[root@localhost kernel]# ls
bin    etc                     lib      opt   sbin    sys    tmp   www
data   fa-network-service      linuxrc  proc  sdcard  test   usr
dev    home                    mnt      root  share   test.c var
[root@localhost kernel]# ▮
```

图 2-58　编译后的程序

（6）编译之后，程序就可以在开发板上运行。确保程序文件是在目录/home/kernel 下，在开发板对应位置找到程序，然后运行。

至此，整个 Tiny4412 开发板上的环境搭建完毕。

▶▶▶ 2.5.6 思政课堂 ▶▶ ▶

思政小故事｜彭士禄：潜龙育神艇

彭士禄是中国第一任核潜艇总设计师，中国工程院首批院士之一，被誉为"中国核潜艇之父"。1945 年 8 月 1 日，彭士禄经人介绍，加入中国共产党。由于表现突出，他一入党即被破例免去预备期，成为正式党员，不久就担任党支部书记。1945 年底，时任延安自然科学院副院长的恽子强带队从延安出发，本打算经张家口向东北挺进。但由于形势的变化，最终他将延安自然科学院留在张家口，并成立晋察冀边区工业学校，彭士禄在那里学习，后又到苏联学习。

1958 年回国后，彭士禄一直从事核动力的研究设计工作，曾先后被任命为中国造船工业部副部长兼总工程师、中国水电部副部长兼总工程师、中国广东大亚湾核电站总指挥、中国国防科工委核潜艇技术顾问、中国核工业部总工程师兼科技委第二主任、中国秦山二期核电站联营公司首任董事长。2021 年 3 月 22 日，彭士禄在北京逝世，享年 96 岁。2021 年 5 月 26 日，彭士禄被追授为"时代楷模"。2022 年 3 月 3 日，彭士禄被评为"感动中国 2021 年度人物"。

2.6 POSIX 系统编程

▶▶▶ 2.6.1 系统编程简介 ▶▶▶ ▶

POSIX 是一种基于 UNIX 的可移植操作系统接口（Portable Operating System Interface of UNIX，POSIX）标准，POSIX 标准定义了操作系统应该为应用程序提供的接口标准，下面介绍相关的文件操作。

▶▶▶ 2.6.2 文件基本操作 ▶▶▶ ▶

当我们需要打开一个文件进行读写操作的时候，可以调用函数 open( ) 来打开它。文件使用完以后，可以调用 close( ) 函数进行关闭操作，定义如下。

int open(const char * pathname, int flags);

int open(const char * pathname, int flags, mode_t mode);

open( ) 函数有两个参数，其中 pathname 是要打开的文件名（包含路径名称，默认在当前路径下），flags 可以取表 2-2 中的一个值或几个值的组合。

表 2-2　flags 取值及含义

标志	含义
O_RDONLY	以只读的方式打开文件
O_WRONLY	以只写的方式打开文件
O_RDWR	以读写的方式打开文件

在文件打开以后，就可以对文件进行读写操作了，Linux 操作系统中负责文件读写的是 read( ) 和 write( ) 函数，定义如下。

```
int read(int fd, const void * buf, size_t length);
int write(int fd, const void * buf, size_t length);
```

参数 buf 为指向缓冲区的指针，length 为缓冲区的大小（以字节为单位）。函数 read（）用于从文件描述符 fd 所指定的文件中读取 length 个字节到 buf 所指向的缓冲区中，返回值为实际读取的字节数。函数 write（）用于把 length 个字节从 buf 指向的缓冲区中写到文件描述符 fd 所指向的文件中，返回值为实际写入的字节数。

lseek（）函数定义如下。

```
int lseek(int fd, offset_t offset, int whence);
```

该函数用于将文件读写指针相对 whence 移动 offset 个字节，并返回文件指针相对于文件头的位置。参数 whence 可使用以下值。

（1）SEEK_SET：相对文件开头。

（2）SEEK_CUR：相对文件读写指针的当前位置。

（3）SEEK_END：相对文件末尾。

当操作完成后，要关闭文件时，可以调用函数 close（），参数 fd 是要关闭的文件描述符。

```
int close(int fd);
```

以下为调用上述函数进行文件读写操作的例子 read. c。

```
#include <stdio. h>
#include <unistd. h>
#include <sys/types. h>
#include <sys/stat. h>
#include <fcntl. h>
#include <assert. h>
int main(int argc, char * argv[])
{
    if(argc < 2){
        printf("using % s <filename>\n", argv[0]);
        return 0;
    }
    int fd;
    fd=open(argv[1], O_RDONLY);
    if(fd < 0){
        perror("open error");
        return 1;
    }
    char buff[1024] = {0};
    int ret=read(fd, buff, 1024);
    if(ret < 0){
        perror("read error");
        return 1;
```

```
    }
    printf("% s", buff);
    close(fd);
    return 0;
}
```

2.6.3　文件映射

文件映射是由一个文件到一块内存的映射。内存映射文件与虚拟内存有些类似，通过内存映射文件，可以保留一个地址空间的区域，同时将物理存储器提交给此区域。内存文件映射的物理存储器来自一个已经存在于磁盘上的文件，而且在对该文件进行操作之前，必须先对文件进行映射。下面介绍一个常用的函数，定义如下。

void* mmap(void* addr, size_t len, int prot, int flags, int fd, off_t offset)

函数 mmap( )用于使进程之间通过映射同一个普通文件实现内存共享。普通文件被映射到进程地址空间后，进程可以像访问普通内存一样访问文件，不必再调用 read( ) 函数和 write( ) 函数。实际上，mmap( )函数并不是完全为了共享内存设计的，它提供了对普通文件的新的访问方式，使进程可以像读写内存一样对普通文件进行操作。

参数 fd 为即将映射到进程空间的文件描述符，一般由 open( )函数返回。fd 可以指定为-1，此时必须指定 flags 参数为 MAP_ANON，表明进行的是匿名映射，即不涉及具体的文件名，避免文件的创建及打开，该操作只能用于具有亲缘关系的进程间通信。参数 len 是映射到调用进程地址空间的字节数，它从被映射文件开头 n 个字节开始算起(n 由函数中的 offset 参数决定)。参数 prot 指定共享内存的访问权限，可取如下几个值：PROT_READ(可读)、PROT_WRITE（可写）、PROT_EXEC（可执行）、PROT_NONE(不可访问)。参数 flags 由以下几个常值指定：MAP_SHARED、MAP_PRIVATE、MAP_FIXED。其中，MAP_SHARED 和 MAP_PRIVATE 必选其一，MAP_FIXED 不推荐使用。参数 offset 一般设为 0，表示从文件头开始映射。参数 addr 指定文件应被映射到进程空间的起始地址，一般指定一个空指针，此时选择起始地址的任务留给内核来完成。函数的返回值为最后文件映射到进程空间的地址，进程可直接将起始地址视为该值的有效地址。

以下为调用上述函数进行文件映射操作的例子 mmap. c。

```
#include <stdio. h>
#include <stdlib. h>
#include <string. h>
#include <fcntl. h>
#include <unistd. h>
#include <sys/mman. h>
#include <sys/stat. h>
int main(int argc, char * argv[])
{
    int fd;
    fd=open("hello", O_RDWR);
```

```
    if(fd < 0){
        perror("open");
        exit(EXIT_FAILURE);
    }
    struct stat my;
    int ret=fstat(fd, &my);
    if(ret < 0){
        perror("fstat");
        exit(EXIT_FAILURE);
    }
    char * addr=mmap(NULL, my. st_size, PROT_READ
        |PROT_WRITE, MAP_SHARED, fd, 0);
    if(addr==(void * )-1){
        perror("mmap");
        exit(EXIT_FAILURE);
    }
    printf("% s", addr);
    strcpy(addr, "hello test");
    munmap(addr, my. st_size);
    addr=NULL;
    close(fd);
    exit(EXIT_SUCCESS);
}
```

▶▶| 2.6.4　Framebuffer 简介 ▶▶▶ ▶

Framebuffer 的优点在于它是一种低级的通用设备，能够跨平台工作。Framebuffer 既可以工作在 x86 平台上，又能工作在 m68k 和 SPARC 等平台上，在很多嵌入式设备上也能正常工作。Minigui 之类的 GUI 软件包也采用 Framebuffer 作为硬件抽象层。从用户的角度来看，Framebuffer 设备与其他设备并没有什么不同。Framebuffer 设备位于/dev 目录下，设备名通常为 fb * ，这里 * 的取值为 0~31。对于常见的计算机系统而言，32 个 Framebuffer 设备已经绰绰有余了。使用 Framebuffer 的程序通过环境变量 FRAMEBUFFER 来取得要使用的 Framebuffer 设备，环境变量 FRAMEBUFFER 通常被设置为/dev/fb0。

从程序员的角度来看，Framebuffer 设备其实就是一个文件，可以像读写普通文件那样读写 Framebuffer 设备文件，可以通过 mmap( ) 函数将其映射到内存中，也可以通过 ioctl( ) 函数读取或设置其参数。较常见的用法是将 Framebuffer 设备通过 mmap( ) 函数映射到内存中，这样可以大大提高使用效率。

要在计算机上启用 Framebuffer 设备，首先必须要取得内核的支持，这通常需要重新编译内核。另外，还需要修改内核启动参数。在作者使用的计算机上，为了启用 Framebuffer 设备，需要将/boot/grub/menu. lst 文件中的下面这一行代码：

kernel /boot/vmlinuz- 2. 4. 20- 8 ro root=LABEL=/1

修改为如下代码。

```
kernel /boot/vmlinuz- 2. 4. 20- 8 ro root=LABEL=/1 vga=0x314
```

以上代码增加了 vga = 0x0314 这样一个内核启动参数。这个内核启动参数表示 Framebuffer 设备的大小是 800 像素×600 像素，颜色深度是 16 比特/像素。

接下来介绍如何编程使用 Framebuffer 设备。由于对 Framebuffer 设备的读写应该是不缓冲的，但是标准 IO 库默认是要缓冲的，所以通常不使用标准 IO 库读写 Framebuffer 设备，而是直接通过 read( )、write( ) 或 mmap( ) 等函数来完成与 Framebuffer 设备有关的 IO 操作。由于使用 mmap( ) 函数能够大大降低 IO 库的开销，所以与 Framebuffer 设备有关的 IO 库通常都是通过 mmap( ) 函数来完成的。

以下为启用 Framebuffer 设备的例子 draw. c。

```c
#include <stdio. h>
#include <sys/types. h>
#include <unistd. h>
#include <fcntl. h>
#include <sys/mman. h>
#include <linux/fb. h>
#define RGB565(r, g, b) (((r&0x1f)<<11)|((g&0x3f)<<5)|(b&0x1f))
void clean_screen(unsigned short * fb, int w, int h, unsigned short co )
{
    int i, j;
    for (i=0; i < h; i ++) {
        for (j=0; j < w; j ++ ) {
            fb[i * w+ j ]=co;
        }
    }
}
int main(int argc, char * * argv)
{
    int fd ;
    unsigned long fb;
    struct fb_var_screeninfo   vinfo;
    fd=open("/dev/fb", O_RDWR);
    if (fd < 0) {
        perror("open");
        return 0;
    }
    ioctl(fd, FBIOGET_VSCREENINFO, &vinfo);
    printf("width: % d   height: % d \n", vinfo. xres, vinfo. yres);
    printf("bits_per_pixel: % d \n", vinfo. bits_per_pixel);
    fb=mmap(0, (vinfo. xres *  vinfo. yres *  vinfo. bits_per_pixel) >> 3,
        PROT_WRITE, MAP_SHARED, fd, 0);
```

```
        clean_ screen(fb, vinfo. xres, vinfo. yres, RGB565(255, 0, 0));
        close(fd);
        return 0;
    }
```

2.6.5 思政课堂

思政小故事 | 杨振宁：明月共同途

杨振宁：物理学家，香港中文大学博文讲座教授兼理论物理研究所所长，清华大学高等研究院名誉院长、教授，纽约州立大学石溪分校荣休教授，中国科学院院士，美国国家科学院外籍院士，英国皇家学会外籍院士，中央研究院院士，香港科学院荣誉院士，俄罗斯科学院院士，1957年获诺贝尔物理学奖。

1938年，受日本侵华战争影响，杨振宁全家逃难，经广州、香港、越南河内辗转抵达昆明，杨振宁入读昆华中学高中二年级。同年秋天，杨振宁以高二学历参加统一招生考试，被西南联大录取。他先遵父命报化学系，后改物理系。1942年，杨振宁毕业于昆明的国立西南联合大学，本科论文导师为北京大学吴大猷教授，他后考入该校研究院理科研究所物理学部(清华大学物理研究所)读研究生，师从王竹溪教授。1945年，他得到庚子赔款奖学金赴美，就读于芝加哥大学。1948年，他获得芝加哥大学哲学博士学位，博士论文导师是爱德华·泰勒(Edward Teller)教授。

1949年，杨振宁进入普林斯顿高等研究院进行博士后研究工作，开始同李政道合作。当时的院长罗伯特·奥本海默(Robert Oppenheimer)说，他最喜欢看到的景象就是杨、李二人走在普林斯顿的草地上。同年，杨振宁与恩利克·费米(Enrico Fermi)合作，提出基本粒子第一个复合模型。1954年，杨振宁和罗伯特·米尔斯(Robert Mills)提出非阿贝尔规范场的理论结构。1956年，杨振宁和李政道共同发表论文，推翻了当时物理学的中心理论之一——宇称守恒基本粒子和它们的镜像的表现是完全相同的。1957年，杨振宁与李政道因共同提出"宇称不守恒"理论而获得诺贝尔物理学奖。

2.7 嵌入式中心服务器

2.7.1 CGI 网页开发

1. BOA 服务器介绍

BOA 服务器是一种非常小巧的 Web 服务器，其可执行代码只有大约 60 KB。作为一种单任务 Web 服务器，BOA 服务器只能依次完成用户的请求，而不会产生新的进程来处理并发连接请求。BOA 服务器支持公共网关接口(Common Gateway Interface，CGI)，能够为 CGI 程序产生一个进程。BOA 服务器的设计目标是实现速度的同时又保证安全。

Tiny4412 开发板上已经移植好了 BOA 服务器，在开发板的 www 目录下有一个 index. html

主页，下面在计算机上打开浏览器，输入开发板 IP 看看效果。

2. CGI 网页实验

写入程序，将其命名为 hello. c。

```
#include <stdio. h>
int    main()
{
        printf("Content- type: text/html\n\n");
        printf("<html>\n");
        printf("<head>\n");
        printf("<title>CGI Output</title>\n");
        printf("</head>\n");

        printf("<body>");
        printf("<h1> Hello,this is a test. </h1>");
        printf("</body>");
        printf("</html>\n");
        return 0;
}
```

编译程序 arm−linux−gcc、hello. c −o 和 hello. cgi。将编译好的 hello. cgi 放在开发板的 www 目录下，然后在浏览器中输入 192. 168. 1. 20：/hello. cgi，就能得到 C 语言的输出结果。

▶▶▶| 2. 7. 2　SQLite 数据库 ▶▶▶ ▶

1. SQLite 简介

SQLite 是理查德·希普(Richard Hipp)用 C 语言编写的开源嵌入式数据库引擎，它支持大多数的 SQL92 标准，并且可以在主流操作系统上运行。SQLite 由以下几个部分组成：SQL 编译器、内核、后端以及附件。SQLite 利用虚拟机和虚拟数据库引擎，使调试、修改和扩展内核变得更加方便。所有 SQL 语句都被编译成易读的、可以在 SQLite 虚拟机中执行的程序集。用户可以在 SQLite 主页下载 SQLite 源代码。

2. 安装 SQLite

进入/source_code/目录，解压源代码并进入目录 tar xf sqlite−3. 6. 26. tar. gz，执行以下命令。

```
CC=arm- linux- gcc. /configure  - - prefix=/home/kernel  - - host=arm- linux  - - build=i386
- - disable- tcl
make&&make install
```

安装完成后，SQLite3 就会出现在开发板目录/home/kernel/bin 下，然后就可以在开发板上执行 sqlite3 student 创建数据库。

3. SQLite 命令

```
#sqlite3 student
SQLite version 3. 3. 17
Enter ". help" for instructions
sqlite> create table test(name char(20), number lint);     //创建表
sqlite> insert intotest values(" computer" , 10);          //插入数据
sqlite> insert intotest values(" notebook" , 20);
sqlite> select * fromtest;                                 //查询数据
computer|10
notebook|20
sqlite>. quit                                              //退出 SQLite
#
```

4. SQLite 程序

```c
#include <stdio. h>
#include <stdlib. h>
#include <sqlite3. h>

int myfunc(void * p, int argc, char * * argv, char * * argvv)
{
    int i;
    * (int * )p=0;
    for(i=0; i < argc; i++)
    {
        printf("% s=% s ", argvv[i], argv[i] ? argv[i] :"NULL");
    }
    printf(" \n");
    return 0;
}

int main(int argc, char * argv[])
{
    sqlite3 * db;
    char * err=0;
    int ret=0;
    int empty=1;

    ret=sqlite3_open("student",&db);
    if(ret !=SQLITE_OK)
    {
        printf("sqlite3 open error\n");
        exit(1);
```

```
    }
    ret=sqlite3_exec(db, "select *  from test", myfunc, &empty, &err);
    if(ret !=SQLITE_OK)
    {
        printf("sqlite3 exec error\n");
        sqlite3_close(db);
        exit(1);
    }
    sqlite3_close(db);
    return 0;
}
```

保存文件为 sqlite3_t. c，将文件和数据库文件放在一个目录下，用 GCC 编译 arm-linux-gcc -o sqlite_t sqlite3_t. c -lsqlite3。

2.7.3　串口编程

1. 串口简介

串口是一种计算机常用接口，它的连接线少，通信方式简单，因此得到广泛的使用。常用的串口是 RS-232-C 接口（又称 EIA RS-232-C 接口），它是在 1970 年，由美国电子工业协会联合贝尔系统、调制解调器厂家及计算机终端生产厂家共同制定的用于串行通信的标准。它的全名是"数据终端设备和数据通信设备之间串行二进制数据交换接口技术标准"，该标准采用一个 25 个 31 脚的 DB25 连接器，对连接器的每个引脚的信号内容加以规定，还对各种信号的电平加以规定。该标准规定在码元畸变小于 4% 的情况下，传输电缆长度应不超过 15 米。

2. 串口头文件

```
#include    <stdio. h>       /* 标准输入输出定义*/
#include    <stdlib. h>      /* 标准函数库定义*/
#include    <unistd. h>      /* UNIX 标准函数定义*/
#include    <sys/types. h>
#include    <sys/stat. h>
#include    <fcntl. h>       /* 文件控制定义*/
#include    <termios. h>     /* PPSIX 终端控制定义*/
#include    <errno. h>       /* 错误号定义*/
```

3. 打开串口

在 Linux 平台中，串口文件位于 /dev 目录下。

（1）串口 1 为 /dev/ttyS0 或/dev/ttyUSB0。

（2）串口 2 为 /dev/ttyS1 或/dev/ttyUSB1。

要打开串口，可使用打开函数，代码如下。

```
int fd;
/* 以读写方式打开串口*/
fd=open( "/dev/ttyS0", O_RDWR);
if (-1==fd){
    /* 不能打开串口*/
    perror(" 提示错误!");
}
```

4. 串口设置

串口设置通过设置 struct termios 结构体的各成员值来实现，代码如下。

```
struct termios
{   unsigned short   c_iflag;        /* 输入模式标志 */
    unsigned short   c_oflag;        /* 输出模式标志 */
    unsigned short   c_cflag;        /* 控制模式标志 */
    unsigned short   c_lflag;        /* local mode flags */
    unsigned char    c_line;         /* line discipline */
    unsigned char    c_cc[NCC];      /* control characters */
};
```

基本串口设置包括波特率、校验位和停止位设置。

下面是修改波特率的代码。

```
struct   termios Opt;
tcgetattr(fd, &Opt);
cfsetispeed(&Opt, B19200);              /* 将波特率设置为 19 200*/
cfsetospeed(&Opt, B19200);
tcsetattr(fd, TCANOW, &Opt);
```

下面是设置波特率的代码。

```
/* *
* @brief,设置串口通信速率
* @param   fd 类型 int,打开串口的文件句柄
* @param   speed 类型 int,串口速度
* @return   void
*/
int speed_arr[]={ B38400, B19200, B9600, B4800, B2400, B1200, B300, B38400, B19200, B9600, B4800,
      B2400, B1200, B300, };
int name_arr[]={38400, 19200, 9600, 4800, 2400, 1200, 300, 38400, 19200, 9600, 4800, 2400, 1200, 300, };
void set_speed(int fd, int speed){
    int   i;
    int   status;
    struct termios   Opt;
```

```
        tcgetattr(fd, &Opt);
        for ( i=0;   i < sizeof(speed_arr) / sizeof(int);   i++) {
            if   (speed==name_arr[i]) {
                tcflush(fd, TCIOFLUSH);
                cfsetispeed(&Opt, speed_arr[i]);
                cfsetospeed(&Opt, speed_arr[i]);
                status=tcsetattr(fd1, TCSANOW, &Opt);
                if   (status !=0) {
                    perror("tcsetattr fd1");
                    return;
                }
                tcflush(fd,TCIOFLUSH);
            }
        }
    }
```

下面是设置校验的函数。

```
/* *
*  @brief   设置串口数据位、停止位和校验位
*  @param   fd 类型 int,打开的串口文件句柄
*  @param   databits 类型 int,数据位取值为 7 或 8
*  @param   stopbits 类型 int,停止位取值为 1 或 2
*  @param   parity 类型 int,校验类型取值为 N、E、O、S
* /
int set_Parity(int fd, int databits, int stopbits, int parity)
{
    struct termios options;
    if   ( tcgetattr( fd,&options)!  =0) {
        perror("SetupSerial 1");
        return(FALSE);
    }
    options. c_cflag &=~CSIZE;
    switch (databits)     /* 设置数据位数*/
    {
    case 7:
        options. c_cflag|=CS7;
        break;
    case 8:
        options. c_cflag|=CS8;
        break;
    default:
        fprintf(stderr,"Unsupported data size\n"); return (FALSE);
```

```
        }
    switch (parity)
    {
    case ' n' :
    case ' N' :
        options. c_cflag & = ~ PARENB;        /*  Clear parity enable */
        options. c_iflag & = ~ INPCK;         /*  Enable parity checking */
        break;
    case ' o' :
    case ' O' :
        options. c_cflag| =(PARODD|PARENB);        /*  设置为奇校验 */
        options. c_iflag| =INPCK;              /*  Disnable parity checking */
        break;
    case ' e' :
    case ' E' :
        options. c_cflag| =PARENB;       /*  Enable parity */
        options. c_cflag & = ~ PARODD;         /*  转换为偶校验 */
        options. c_iflag| =INPCK;              /*  Disnable parity checking */
        break;
    case ' S' :
    case ' s' :      /* as no parity */
        options. c_cflag & = ~ PARENB;
        options. c_cflag & = ~ CSTOPB;break;
    default:
        fprintf(stderr,"Unsupported parity \n");
        return (FALSE);
        }
    /*  设置停止位*/
    switch (stopbits)
    {
    case 1:
        options. c_cflag & = ~ CSTOPB;
        break;
    case 2:
        options. c_cflag| =CSTOPB;
        break;
    default:
        fprintf(stderr,"Unsupported stop bits \n");
        return (FALSE);
        }
    /*  Set input parity option */
        if (parity ! =' n' )
```

```
        options. c_iflag|=INPCK;
        tcflush(fd,TCIFLUSH);
        options. c_cc[VTIME]=150;        /*  设置超时 15 秒*/
        options. c_cc[VMIN]=0;        /*  设置立即更新*/
        if (tcsetattr(fd,TCSANOW,&options) !=0)
        {
            perror("SetupSerial 3");
            return (FALSE);
        }
        return (TRUE);
    }
```

5. 读写串口

设置好串口之后，读写串口就很容易了，可以把串口当作文件来读写。发送数据操作如下。

```
char    buffer[1024];int Length;int nByte;nByte=write(fd, buffer ,Length)
```

读取串口数据使用 read( ) 函数，如果设置为原始模式，那么 read( ) 函数返回的字符数就是实际串口收到的字符数。可以使用操作文件的函数来实现异步读取，如 fcntl( ) 函数或 select( ) 函数。读取数据操作如下。

```
char    buff[1024];int Len;int readByte=read(fd,buff,Len);
```

6. 关闭串口

关闭串口就是关闭文件，操作如下。

```
close(fd);
```

▶▶▶ 2.7.4　思政课堂 ▶▶ ▶

思政小故事｜顾诵芬：冲天鹏翅阔

顾诵芬，飞机空气动力学专家，中国科学院学部委员，中国工程院院士，中国航空工业集团公司科技委研究员，中国航空研究院名誉院长。

顾诵芬于 1951 年从上海交通大学航空工程系毕业，之后进入航空工业局生产处工作；1952—1956 年担任航空工业局飞机技术科工程师；1956—1961 年担任航空工业局飞机设计室高级工程师；1961—1978 年担任沈阳飞机设计研究所气动室高级工程师；1978—1986 年担任沈阳飞机设计研究所副所长、所长；1986—1991 年担任航空航天部科技委员会副主任；1988 年担任航空航天研究院副院长、名誉院长；1991 年当选为中国科学院学部委员（院士）；1994 年当选为首批中国工程院院士；2010 年担任中航工业科学技术委员会副主任；2021 年 11 月获得 2020 年度国家最高科学技术奖；2022 年 3 月 3 日被评为"感动中国 2021 年度人物"。顾诵芬直接组织、领导和参与了低、中、高三代飞机中的多种飞机气动布局和全机的设计，在国内首创两侧进气方案。她抓住初级教练机失速尾旋的特点，通过计算机翼环量分布，从优选择了机翼布局；消化吸收国外机种的技术，利用国内条件，创立超音速飞机气动设计程序和计算方法。

　　顾诵芬主持歼-8飞机的空气动力设计，任歼-8飞机总设计师，解决了超音速飞行的飞机方向安定性问题和跨音速飞行的飞机抖振问题。他还担任歼-8Ⅱ飞机总设计师，利用系统工程管理法，把飞机各项专业技术综合优化融合于一个机型中。他还主持了主动控制验证机的研制，以及与俄罗斯中央空气流体动力学研究院合作研究远景飞机布局等工作。

项目 3
智慧路灯系统

 3.1　项目概况

▶▶|3.1.1　项目背景 ▶▶ ▶

　　智慧路灯是城市智能化的重要一环，智慧路灯的实施具有节约公共资源、减少交通事故等意义。路灯也是大家在日常生活中很熟悉的公共设施，更易理解其智能化的场景。

　　本项目基于华为一站式开发工具平台（VSCode 工具 IoT Link 插件），从设备（小熊派开发板）、平台（IoTDA 华为物联网平台）、端到端构建一套智慧路灯解决方案。本方案在网络层选择了中国移动的 NB-IoT 广域窄带物联网，协同实现智慧路灯检测并上报光照强度，显示在 IoTDA 控制台，并在 IoTDA 控制台远程控制 LED 开关。

　　目前，全球范围内使用的物联网网络技术有 Sigfox、Lora、NB-IoT、LTE、5G、蓝牙、RFID、Wi-Fi 等。在本项目中，考虑到 NB-IoT 具有超强覆盖、超低功耗、超大连接、超低成本等优点，而且也是国内运营商主要打造的广域低功耗物联网，因此本项目基于 NB-IoT 网络实现端到端的数据上传和云端数据下发。

▶▶|3.1.2　软硬件资源 ▶▶ ▶

　　硬件：小熊派 BearPi-IoT 开发板（包含 NB 物联网 SIM 卡、NB 模块、智慧路灯功能模块、USB 数据线等）。

　　软件：VSCode、IoT Link 插件、华为云（已开通设备接入服务）、Windows 7 及以上版本的 64 位操作系统（本项目使用 Windows 10 64 位系统）。

▶▶|3.1.3　项目流程 ▶▶ ▶

　　图 3-1 所示是智慧路灯系统的端到端项目全流程。

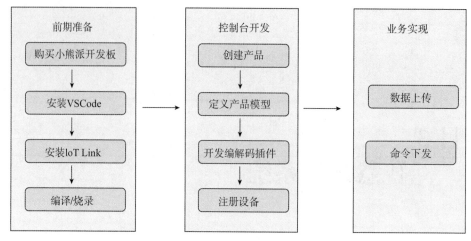

图 3-1　智慧路灯系统的端到端项目全流程

在本项目中，设备可以通过 NB-IoT 通信模块，基于 LwM2M/CoAP 与物联网平台进行交互，在 IoT 平台上可以查看设备侧属性变化，也可以给设备侧下发命令。图 3-2 所示是基于物联网架构的智慧路灯分层模型和实训流程。

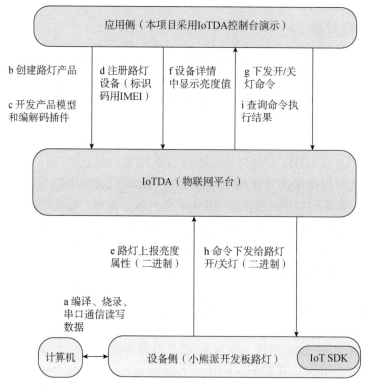

图 3-2　基于物联网架构的智慧路灯分层模型和实训流程

▶▶|3.1.4　项目效果 ▶▶ ▶

图 3-3 所示是云端动态显示的设备端光亮值及终端灯点亮情况（根据亮度值的变化，当低于一定阈值时，自动点亮设备端的路灯装置）。

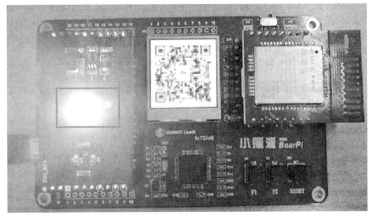

图 3-3　云端动态显示的设备端光亮值及终端灯点亮情况

▶▶| 3.1.5　思政课堂 ▶▶ ▶

思政小故事 | 吴天一：长松荫高原

　　吴天一，高原医学事业的开拓者，中国工程院院士，中国医学科学院学部委员。曾任青海省心脑血管病专科医院研究员、教授。吴天一于 1956 年毕业于中国医科大学医疗系；1957 年—1958 年，在中国人民志愿军 512 医院工作；1958 年—1970 年，在解放军 516 医院工作；1970 年—1978 年，在青海西宁第一人民医院担任内科主任；1979 年—1983 年，在青海高原心脏病研究所担任副所长；1984 年—2010 年，在青海高原医学科学研究所先后担任副所长、所长、院长；2001 年，当选为中国工程院院士；2010 年，在青海高原医学科学研究院工作；2019 年，被聘为中国医学科学院学部委员。

　　吴天一长期在青藏高原从事高原医学研究工作，在人类高原适应学科领域开拓了"藏族适应生理学"研究，并从整体、器官、细胞和分子几个水平上提出了藏族已获得了"最佳高原适应性"的论点，这是长期自然选择遗传适应的结果，为人类低氧适应建立起一个理想的生物学模式。吴天一对发生在青藏高原的各种急、慢性高原病从流行病学、病理生理学和临床学做了系统研究，他提出的慢性高山病量化诊断标准被国际高山医学协会接纳为国际标准，并命名为"青海标准"，于 2005 年在国际上统一应用。在青藏铁路修建期间，吴天一作为铁道部高原医学专家组组长制定了一系列劳动保护和高原病防治措施，对保证 5 年 14 万筑路大军高原病零死亡起到了重要作用。

3.2 采集和上传设备端数据

▶▶▶ 3.2.1 开发板介绍 ▶▶▶ ▶

开发板在物联网系统架构中属于感知设备，该类设备通常由传感器、通信模块、芯片以及操作系统组成。为增加开发板的可扩展性，小熊派开发板没有采用传统的板载设计，而是使用了可更换传感器扩展板以及可更换通信模块扩展板设计。通信模块是数据传输的出入口，常用的通信模块包括 NB-IoT，Wi-Fi 以及 4G 等。芯片是设备的主控设备，该开发板内置了一个低功耗的 STM32L431RCT6 单片机作为主控芯片。操作系统使用的是华为的 LiteOS 操作系统，其提供了丰富的端云互通组件。

图 3-4 所示是小熊派开发板功能分区图及实物图。为了便于开发调试，该开发板板载了 2.1 版本的 ST-Link，它具有在线调试烧录、拖拽下载及虚拟串口等功能。开发板中间板载一块分辨率为 240 像素×240 像素的 LCD，其主要用于显示传感器数据以及调试日志。LCD 下方是主控芯片。

开发板右上角有一个拨码开关，将其拨至左侧 AT-PC 模式，通过客户端的串口助手，发送 AT 命令调试通信模块。将拨码开关拨至右侧 AT-MCU 模式，可以通过主控芯片发送 AT 命令与通信模块进行交互，将采集到的传感器数据通过通信模块发送到云端。

开发板上其他组件如图所示。

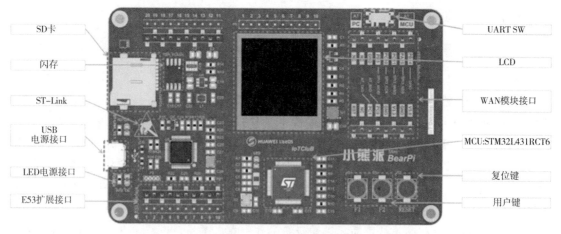

图 3-4　小熊派开发板功能分区图及实物图

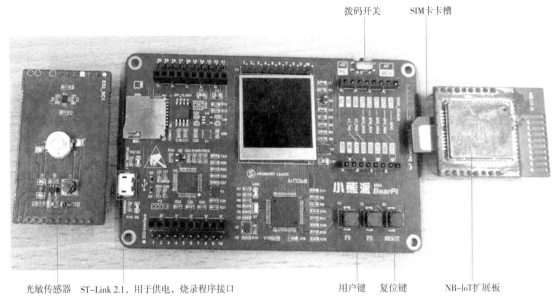

拨码开关　　SIM卡卡槽

光敏传感器　ST-Link 2.1，用于供电，烧录程序接口　　　用户键　复位键　　NB-IoT扩展板

图 3-4　小熊派开发板功能分区图及实物图（续）

（1）将 NB 卡插入 NB-IoT 扩展板的 SIM 卡卡槽，确保插卡的时候卡的缺口朝外插入。

（2）将光敏传感器以及 NB-IoT 扩展板插入开发板上相应接口中，注意安装方向，然后用 USB 数据线将小熊派开发板与计算机连接起来。显示屏和电源灯被点亮，说明开发板通电成功。图 3-5 所示是小熊派开发板硬件连接图。

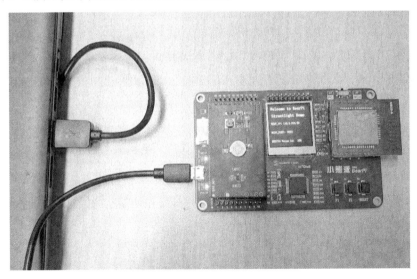

图 3-5　小熊派开发板硬件连接图

▶▶▍3.2.2 开发板硬件框架 ▶▶▶

图 3-6 所示是小熊派开发板系统框图。

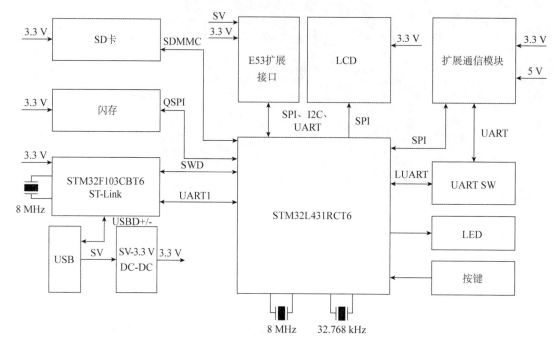

图 3-6 小熊派开发板系统框图

电路连接关系如下：系统由 USB 5 V 供电，经过 DC 降压至 3.3 V 给系统大部分器件供电，系统主要电源板载 ST-Link 与主控芯片采用 SWD 接口；闪存采用 4 线 QSPI 与主控芯片连接；SD 卡采用 3 线 SDMMC 协议与主控芯片交互；E53 扩展接口支持 SPI、I2C、UART 等协议；开发板自带 1.44 寸(1 寸=3.33 厘米)LCD，属于 4 线 SPI 接口；扩展通信模块接口可接 UART 和 SPI 协议通信的通信模块；LED、按键连接至主控芯片的 GPIO 接口。

▶▶▍3.2.3 主控芯片最小系统 ▶▶▶

主控芯片最小系统包括电源电路、复位电路和晶振电路，主控芯片采用了低功耗的 STM32L431RCT6，其 IO 接口图和实物图如图 3-7 所示。

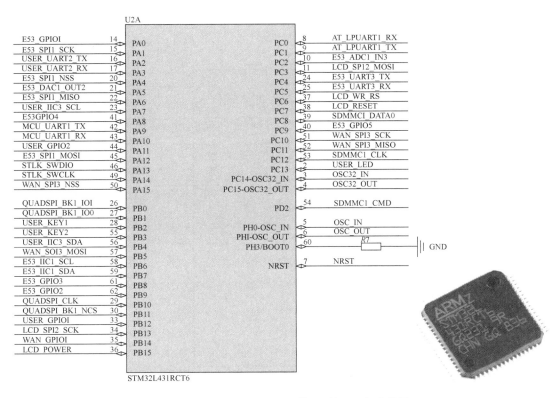

图 3-7　STM32L431RCT6 的 IO 接口图和实物图

电源电路是系统正常工作的核心，其稳定的输出能力是系统正常工作的关键。在硬件设计上，电源电路采用 MicroUSB 供电，电源电路接口如图 3-8 所示。

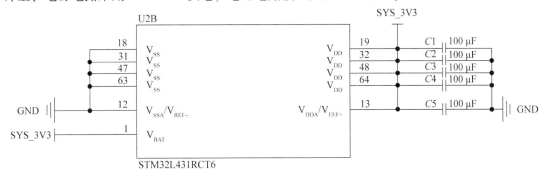

图 3-8　电源电路接口

电源电路用于给主控芯片和 NB-IoT 模块等供电，这里用 MicroUSB 作为供电口，根据 STM32L431RCT6 数据手册，其芯片的正常工作电压为 2.0～3.6 V，综合考虑，这里选择通过一个降压电路将 5 V 降压至 3.3 V，再向主控芯片等电路送电，电源电路直接输出电压给 NB-IoT 模块，其他的模块则可以在主控芯片上的 V_{DD} 引脚接入电源。

开发板有一个 USB 接口，即 USB ST-Link 接口，其作用为软件下载、调试、系统供电输入。USB ST-Link 接口除可以给系统提供电源之外，还是开发板的下载接口，与 STM32F103 的 USB 接口相连。用 USB 数据线将开发板连接至计算机后会映射出一个 COM 口设备，该设备用于开发板和计算机的交互、打印开发板的调试信息、下载主控芯片程序、调试通信模块。STM32F103 与主控芯片之间通过 SWD 接口相连。图 3-9 所示是 ST-Link 电路图(注:图中电阻封装规格为 0603)。

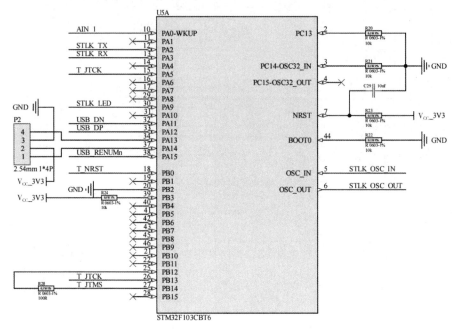

图 3-9　ST-Link 电路图

开发板带有两个功能按键和一个系统复位键。通过功能按键,开发者可以进行功能定义开发,功能按键都使用 GPIO 接口,方向为输入,低电平有效。复位键是直接接入 STM32F103 和主控芯片的硬件复位引脚,按下复位键,系统自动重启复位。图 3-10 所示是按键原理图。

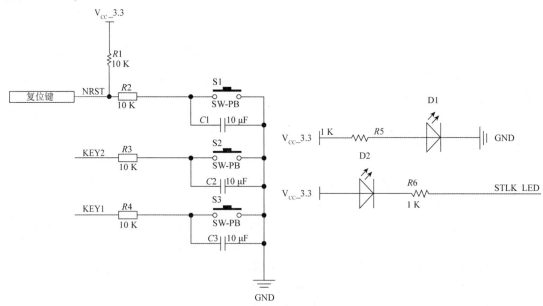

图 3-10　按键原理图

开发板总计有 3 个 LED，其中有 1 个电源 LED(红色)上电就被点亮，1 个下载调试 LED (橙色)上电也常亮，当下载的时候会闪烁，1 个提供给用户定义的 LED(蓝色)，都是接入主控芯片的 GPIO 接口，拉高 IO 接口即可点亮。电源 LED 在 USB 供电正常之后会常亮，如果插入 USB 之后电源 LED 没有被点亮，证明 USB 供电异常。

3.2.4 光敏传感器

BH1750 是一种用于两线式串行总线接口的数字型光照度传感器，这种传感器可以根据收集的光照强度数据来调整 LCD 或键盘背景灯的亮度。利用它的高分辨率可以探测较大范围的光照强度变化。图 3-11 所示是 E53 扩展板上的光敏传感器实物图。

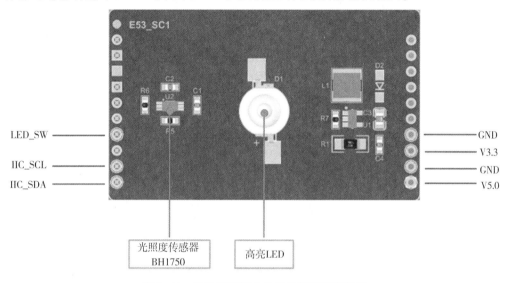

图 3-11　E53 扩展板上的光敏传感器实物图

BH1750 由光敏二极管、运算放大器、ADC 采集、晶振等组成。光敏二极管产生光生伏特效应，将输入光信号转换成电信号，经运算放大电路放大后，由 ADC 采集电压，然后通过逻辑电路转换成 16 位二进制数存储在内部的寄存器中(光照越强，光电流越大，电压就越大)。该模块有 5 个引脚：V_{cc} 引脚接供电电压源正极；SCL 引脚接 I2C 时钟线，是时钟输入引脚，由主控芯片输出时钟；SDA 引脚是 I2C 数据线，双向 IO2 接口，用来传输数据；ADR引脚是 I2C 地址线；GND 引脚接供电电压源负极。图 3-12 所示是光敏传感器电路图。

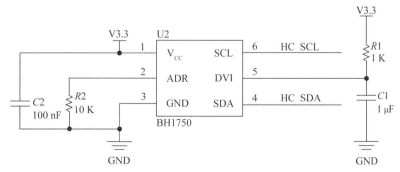

图 3-12　光敏传感器电路图

3.2.5　NB-IoT 通信模块

NB-IoT 物联网系统主要由 NB-IoT 终端、NB-IoT 基站、核心网、IoT 平台、业务应用 5 个部分组成，本小节介绍 NB-IoT 终端部分。

NB35-A 通信模块是小熊派开发板用于通过 NB-IoT 传输数据的通信扩展板，板载华为海思 Boudica150 的通信模块 BC35-G，支持 IPv4、IPv6、UDP、CoAP、LwM2M、Non-IP、DTLS、TCP、MQTT 等通信协议、3GPP TS 27.007 V14.3.0（2017-03）定义的命令、移远通信增强型 AT 命令。其支持 B1、B3、B5、B8、B20、B28 工作频段，发射功率为 23dBm± 2 dB，与普通移动终端的发射功率一致。该模块十分节电，在 PSM 模式下，典型耗流仅为 3 微安，体现了 NB-IoT 低功耗的特点，该通信模块需要配合运营商的物联网 SIM 卡使用。

RI 引脚接收模块异步消息通知，当模块有新消息时，会拉低 RI 信号 120 毫秒，可使用该信号来唤醒主控芯片，然后准备接收 BC35-G 的串口数据，若未使用，可悬空。数据上行时，由该模块将光敏传感器收集并转换成的数据进行封装，并发送至云端，下行时接收来自云端的数据并进行解析，触发主控芯片对云端消息进行处理。图 3-13 所示是 NB35-A 通信模块引脚图。

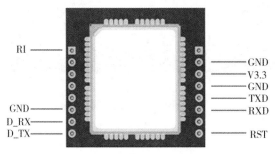

图 3-13　NB35-A 通信模块引脚图

3.2.6　思政课堂

思政小故事｜朱彦夫：慷慨是英雄

朱彦夫出生在人杰地灵的沂蒙山腹地——沂源县张家泉村。他从小家贫如洗，14 岁时就毅然参了军，1949 年光荣加入了中国共产党。1950 年，朱彦夫在抗美援朝的一次战役中身负重伤，双腿膝盖以下、双手手腕以上截肢，失去左眼，成了一级伤残军人。1957 年，朱彦夫担任张家泉村党支部书记。上任伊始，朱彦夫挂着拐，拖着 17 斤重的假肢，到田间地头查看生产，逐门逐户察访民情。治山、治水、造田、架电，一个个山里人想都没想过的大工程，在张家泉村热火朝天地展开。张家泉村三面是山，人多地少的矛盾不解决，张家泉村的村民就永远吃不饱。朱彦夫带领张家泉村村民，先后将荒地赶牛沟、舍地沟、腊条沟变为沃土。为了让群众早日用上电，朱彦夫在妻子的照顾下，跑上海、南京、胜利油田、陕西联系材料，经过艰苦努力，终于让张家泉村于 1978 年结束了点油灯的历史。1982 年至今，从村党支部书记岗位退下来后，他用嘴衔笔、残肢抱笔，历时 7 年，7 易其稿，创作了两部震撼人心的自传体长篇小说《极限人生》和《男儿无悔》。时任中央政治局委员、中央军委副主席、国防部长的迟浩田亲笔题写书名并题词"铁骨扬正气，热血书春秋"。

2015 年 10 月 12 日，朱彦夫荣获"2015 中国消除贫困感动奖"。2015 年 10 月 13 日，朱彦夫荣获"全国敬业奉献模范"称号。2019 年 9 月 17 日，习近平签署主席令，授予朱彦夫"人民楷模"国家荣誉称号。2019 年 9 月 25 日，朱彦夫获"最美奋斗者"称号。2022 年 3 月 3 日，朱彦夫被评为"感动中国 2021 年度人物"。

3.3　开发环境搭建

3.3.1　安装 IoT Link Studio 插件

IoT Link Studio 是针对 IoT 端开发的 IDE，提供了编译、烧录、调试等一站式开发体验，支持 C/C++、汇编等多种开发语言，能够帮助开发者快速、高效地进行物联网开发。

(1) 下面以 Windows 10 为例介绍插件的安装过程。在桌面右击"此电脑"图标，然后单击"属性"选项，查看系统配置，如图 3-14 所示。

图 3-14　查看系统配置

(2) 根据系统配置，下载匹配的 Visual Studio Code 并安装。这里下载 Visual Studio Code 1.49 版本，如图 3-15 所示。

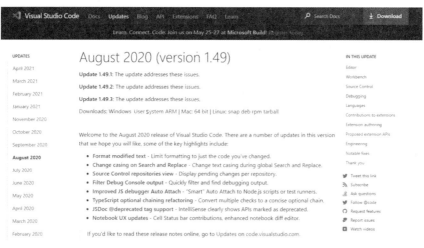

图 3-15　下载 Visual Studio Code 1.49 版本

注意，Visual Studio Code 不支持 macOS。

（3）安装成功后，打开 Visual Studio Code 插件应用商店，找到 IoT Link 并安装。

图 3-16　安装 IoT Link

（4）首次启动 IoT Link Studio 时，系统会自动从网络下载新的 SDK 以及 GCC 依赖环境，因此计算机必须联网。安装过程中，不要关闭窗口，耐心等待。安装完成后，重启 Visual Studio Code 使插件生效。

▶▶▶ 3. 3. 2　配置 IoT Link Studio ▶▶ ▶

图 3-17 所示是 IoT Link Studio 主界面，底部工具栏中有多个按钮，其中较重要的作用如下。

①Home：管理 IoT Link 工程。

②Serial：输入 AT 命令检查开发板状态。

③Build：编译示例代码(步骤 2 后可见)。

④Download：把编译后的代码烧录到 MCU。

（1）单击底部工具栏中的"Home"按钮。

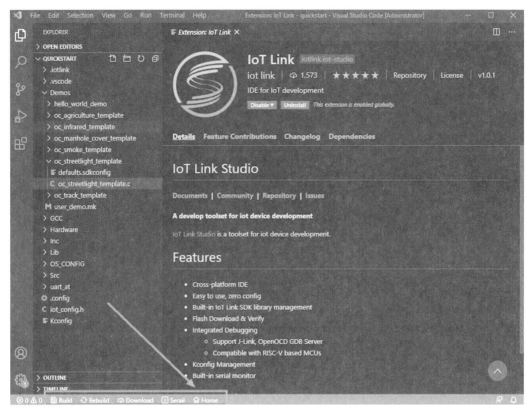

图 3-17　IoT Link Studio 主界面

（2）在弹出界面中单击"创建 IoT 工程"按钮，输入工程名称和工程目录，并选择开发板的硬件平台和示例工程，创建 IoT 工程，如图 3-18 所示。

①工程名称：自定义，本项目选择"QuickStart"选项。

②工程目录：可以使用工具安装的默认路径，也可以选择系统盘以外的其他盘。

③硬件平台：本项目选择"STM32L431_BearPI"选项。

④示例工程：本项目创建智慧路灯系统，选择"oc_streetlight_template"选项，否则烧录的样例和在控制台定义的产品模型不匹配，无法上传数据。

图 3-18　创建 IoT 工程

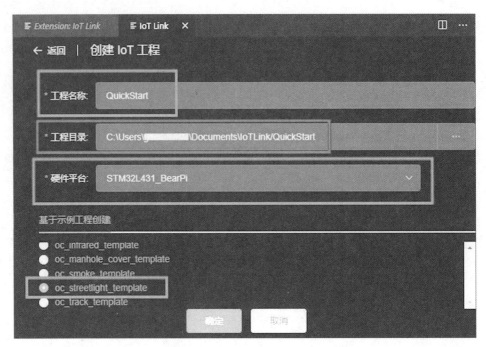

图 3-18　创建 IoT 工程(续)

(3)单击"确定"按钮，导入完成。

▶▶ 3.3.3　项目软件流程 ▶▶ ▶

本项目采用的小熊派开发板软件程序基于华为 LiteOS，在 IoT Link Studio 中可查看整个软件项目工程及源代码。

(1)在单板启动之后，会调用应用程序主入口 main()函数，源代码如下。

```c
int main(void)
{
    UINT32 uwRet=LOS_OK;
    HardWare_Init();
    uwRet=LOS_KernelInit();
    if (uwRet !=LOS_OK)
    {
        return LOS_NOK;
    }

    extern UINT32 create_work_tasks(VOID);
    uwRet=create_work_tasks();
    if (uwRet !=LOS_OK)
    {
        return LOS_NOK;
    }
```

```
        (void)LOS_Start();
        return 0;
    }
```

（2）main（）函数调用 HardWare_Init（）函数对本单板特有硬件进行初始化，程序如下。

```
VOID HardWare_Init(VOID)
{
    HAL_Init();
    /*  初始化系统时钟 */
    SystemClock_Config();
    MX_GPIO_Init();
    MX_USART1_UART_Init();
    dwt_delay_init(SystemCoreClock);
    LCD_Init();
    LCD_Clear(WHITE);
    POINT_COLOR=RED;
    LCD_ShowString(10, 50, 240, 24, 24, "Welcome to IoTCluB!");
    LCD_ShowString(20, 90, 240, 16, 16, "BearPi IoT Develop Board");
    LCD_ShowString(20, 130, 240, 16, 16, "Powerd by Huawei LiteOS!");
    LCD_ShowString(10, 170, 240, 16, 16, "Please wait for system init");
}
```

（3）HardWare_Init（）函数首先调用 HAL_Init（）函数进行硬件抽象层（硬件抽象层是位于操作系统内核与硬件电路之间的接口层）初始化，其目的在于将硬件抽象化，封装底层硬件驱动，对上层提供统一的接口，上层应用不需要知道下层硬件是如何实现的，屏蔽了底层实现的细节；然后调用 SystemClock_Config（）函数初始化系统时钟，再调用 MX_GPIO_Init（）函数初始化 GPIO 接口，调用 MX_USART1_UART_Init（）函数初始化通用串行数据总线，调用 dwt_delay_init（SystemCoreClock）函数初始化系统跟踪调试单元，调用 LCD_Init（）函数初始化 LCD；最后通过 LCD_Clear（）函数和 LCD_ShowString（）函数对 LCD 进行清屏并显示指定语句。

（4）main（）函数调用 LOS_KernelInit（）函数初始化 LiteOS 内核，调用 create_work_tasks（）函数创建实现本项目目标的任务，调用 LOS_Start（）函数启动 LiteOS。系统启动后，会根据条件调度前面创建的任务，完成项目目标。

▶▶▶ 3.3.4　编译并烧录代码 ▶▶▶

由于提供的样例中已配置好和华为云物联网平台的对接信息，可以直接编译（代码不用做任何修改），并烧录到小熊派开发板的主控芯片上，节省开发时间。

（1）单击底部工具栏中的"Build"按钮，等待系统编译完成。编译成功后，界面显示"编译成功"，如图 3-19 所示。

图 3-19　编译成功

（2）使用 USB 数据线将小熊派开发板与计算机相连，将开发板右上角的拨码开关拨到右侧的 AT-MCU 模式。

（3）单击底部工具栏的"Download"按钮，等待系统烧录完成。烧录成功后，界面显示"烧录成功"，如图 3-20 所示。

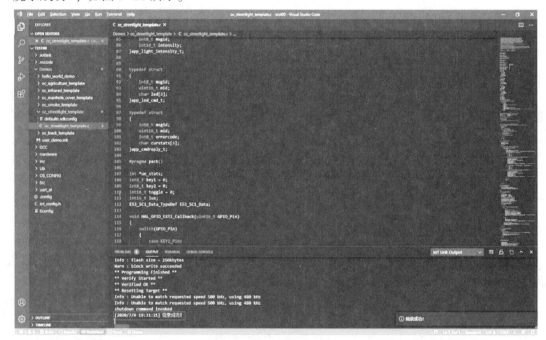

图 3-20　烧录成功

如果显示烧录失败，可能是开发板没有安装驱动，导致无法与计算机串口通信。请检查 ST-Link 驱动是否安装成功，若驱动未安装成功，则需要下载并安装 ST-Link 驱动。

（4）安装 ST-Link 驱动。

①在官网下载 ST-Link 驱动，或者直接使用提供的驱动压缩包。双击 stlink_winusb_install. bat 文件安装驱动，如图 3-8 所示。

Name	Size	Packed	Type
..			文件夹
amd64			文件夹
x86			文件夹
dpinst_amd64.exe	680,440	242,269	应用程序
dpinst_x86.exe	552,328	231,230	应用程序
readme.txt	391	250	文本文档
stlink_bridge_winusb.inf	2,853	1,093	安装信息
stlink_dbg_winusb.inf	4,373	1,347	安装信息
stlink_VCP.inf	2,467	871	安装信息
stlink_winusb_install.bat	412	259	Windows 批处理...
stlinkbridgewinusb_x64.cat	11,004	5,890	安全目录
stlinkbridgewinusb_x86.cat	11,004	5,892	安全目录
stlinkdbgwinusb_x64.cat	10,997	5,891	安全目录
stlinkdbgwinusb_x86.cat	10,998	5,892	安全目录
stlinkvcp_x64.cat	9,248	5,474	安全目录
stlinkvcp_x86.cat	9,247	5,470	安全目录

图 3-21　双击文件安装驱动

②在计算机上打开设备管理器，查看对应的驱动是否安装成功。图 3-22 所示是驱动安装成功。

图 3-22　驱动安装成功

▶▶▶ 3.3.5　使用 AT 命令定位模块通信问题 ▶▶ ▶

NB-IoT 是一种蜂窝式通信技术，终端与运营商网络连接，从而融入庞大的互联网。NB-IoT 的通信机制与手机类似，当其在物联网平台使用时，如存在模块与云端连通性问题，可使用 AT 命令快速定位，从而提高开发效率。下面介绍如何使用 AT 命令检测通信模块常见问题，如设备无法上线、数据上传不成功等。

（1）确保小熊派开发板和计算机已正常连接（驱动已安装），并将开发板右上角的拨码开关拨到 AT-PC 模式。

（2）单击底部工具栏的"Serial"按钮。

（3）在"端口"下拉列表框中选择相应选项，将"波特率"设置为 9600，然后单击"打开"按钮。图 3-23 所示是 AT 命令界面。

图 3-23　AT 命令界面

（4）输入"AT+CGATT?"，然后单击"发送"按钮。若返回"+CGATT：1"，则表示网络附着成功（附着成功代表 NB-IoT 联网正常）；若返回"+CGATT：0"，则表示网络附着失败（附着失败代表 NB-IoT 联网异常），请查看 SIM 卡是否插入正确，或者联系运营商检查网络状态。图 3-24 所示是 AT 命令执行界面。

图 3-24　AT 命令执行界面

使用 AT 命令检测完模块通信状态后，将拨码开关拨到 AT-MCU 模式，以便完成控制台的开发后，将采集到的传感器数据通过通信模块发送到平台。

AT-PC 模式用于开发板与计算机串口通信，此模式下可使用 AT 命令读写开发板的状态等数据；AT-MCU 模式用于开发板通过模块上插的 SIM 连接网络，实现 NB-IoT 通信。

（5）输入"AT+CSQ<CR>"，检查网络信号强度和 SIM 卡情况，然后单击"发送"按钮。系统返回"+CSQ：＊＊，##"，其中＊＊应在 10~31 之间，数值越大表明信号质量越好；## 为误码率，应在 0~99 之间，若返回的值不在这个范围，应检查天线或 SIM 卡是否正确安装。

以上仅列举两个通用的 AT 命令，用于检测模块的网络状况。用户可以通过更多 AT 指令控制或查看模块的行为，包括是否附着、网络状态、信号强度等。用户可以参考上海移远通信技术股份有限公司的 BC35 系列的 AT 命令手册，使用所需的 AT 命令进行调测。

至此，开发板的开发环境已经搭建好，用户可以使用样例进行编译并下载程序至开发板。在本地业务运行过程中，可通过查看串口打印及 AT 命令等方式进行调试。

▶▶▶ 3.3.6 思政课堂 ▶▶▶

思政小故事｜航天追梦人：赤心贯苍穹

我国的航天事业始于 1956 年，1956 年 2 月，钱学森向中央提出《建立中国国防航空工业的意见》。1970 年 4 月 24 日，我国发射第一颗人造地球卫星，是继苏联、美国、法国、日本之后，世界上第 5 个能独立发射人造卫星的国家。2020 年 12 月 17 日凌晨，一颗明亮的"流星"划过夜空，这是刚刚从 38 万千米外的月球带回月壤样品的嫦娥五号返回器。1 时 59 分，嫦娥五号带着 1731 克月壤样品顺利返回地球，中国人终于实现了千百年来"上九天揽月"的梦想。至此，中国探月工程实现"六战六捷"，"绕、落、回"3 步走规划圆满收官。2021 年 6 月 17 日 9 时 22 分，神舟十二号载人飞船发射，飞行乘组由航天员聂海胜、刘伯明和汤洪波组成。2021 年 10 月 17 日，我国航天发射次数一年内首次突破 40 次。从 1970 年中国发射第一颗人造地球卫星"东方红一号"到 2022 年，在从航天大国迈向航天强国的道路上，中国航天人勇攀高峰、自立自强，用一个个坚实的脚印，让梦想成为现实。

3.4 云端项目配置

本节关于云端项目配置的所有内容，都依照当前华为云的用户界面展开。由于云端提供的用户界面在不同的时间可能会有变化，所以用户在华为云平台上创建项目时，应以最新的用户界面为准。

▶▶▶ 3.4.1 控制台操作概览 ▶▶▶

IoT 平台是物联网生态系统的关键组成部分，它是连接 IoT 系统中所有内容的支持系统，其功能包括设备管理、接口通信协议管理、规则引擎管理、快速应用程序开发和部署等。其中，最核心的功能是设备管理，即管理平台上的设备及每个设备的生命周期。IoT 设备和 IoT 平台之间要实现数据的上传和消息的下发，接口通信协议是不可或缺的。目前使用较多的通信协议有 L2M2M、CoAP、MQTT 等，本项目采用 L2M2M 和 CoAP。

在完成实体设备硬件连接和代码编译烧录之后，登录华为云平台的设备接入服务控制台，并完成以下任务。

（1）注册华为云官方账号。

（2）完成实名制认证。未完成认证无法使用设备接入功能。

（3）开通设备接入服务。

登录华为云平台，单击页面右上角登录账号左边的"控制台"按钮，找到"设备接入基础版"按钮。如果比较难找到，可以搜索关键词"IoT"或"设备接入"。图 3-25 所示是登录华为云平台效果。

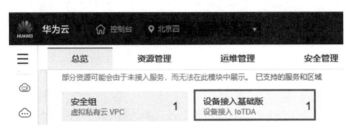

图 3-25　登录华为云平台效果

单击"设备接入基础版"按钮，在左边的列表中选择"产品"选项，出现图 3-26 所示的设备接入产品页面。在产品页面右边的功能介绍中，告知了在华为云设备接入服务控制台端的业务流程，即创建产品、定义产品模型、开发编解码插件、注册设备、设备侧开发和在线调试。

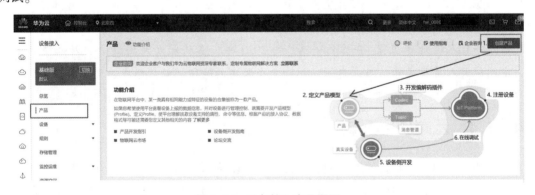

图 3-26　设备接入产品页面

（1）创建产品。在物联网平台上规定某一款产品的协议类型、数据格式、厂商名称、设备类型。此处需要按照智慧路灯的特征，在控制台创建智慧路灯的产品。

（2）定义产品模型。产品模型是用来描述设备能力的文件，定义了设备的基本属性、上报数据和下发命令的消息格式。定义产品模型即在物联网平台构建一款设备的抽象模型，使平台理解该款设备支持的属性信息。此处需要在控制台上，定义开关灯控制、光照强度、信号质量等。

（3）开发编解码插件。编解码插件供物联网平台调用，用于完成二进制格式和 JSON 格式相互转换。它将设备上报的二进制数据解码为 JSON 格式，供应用服务器"阅读"，将应用服务器下发的 JSON 格式命令编码为二进制格式，供终端设备"理解执行"。智慧路灯的数据格式是二进制，因此需要开发编解码插件，让物联网能够理解智慧路灯上报的数据，智慧路灯也能理解物联网平台下发的命令。

（4）注册设备。将小熊派智慧路灯注册到物联网平台。

（5）设备侧开发：通过设备端软硬件协同工作实现预期功能，这部分内容在 3.3 节中已经介绍过。

（6）在线调试：实现设备端和云端的数据通信，包括设备端数据的上传和云端命令的下发。

▶▶▶ 3.4.2　创建产品 ▶▶▶

某一类具有相同能力或特征的设备的集合被称为一款产品。除了设备实体，产品还包含该类设备在物联网能力建设中产生的产品信息、产品模型、编解码插件等资源。下面按照小熊派智慧路灯的基本特征，在控制台上创建智慧路灯产品，具体分为以下 4 步。

（1）访问设备接入服务，单击"立即使用"按钮，进入设备控制台。

（2）选择左侧导航栏的"产品"选项，单击页面右上角下拉列表，选择新建产品所属的资源空间。若第一次进入想创建自己的资源空间，可选择左侧导航栏的"资源空间"选项，单击页面右上角的"新建资源空间"按钮。

（3）单击页面右上角的"创建产品"按钮，创建一个基于 LwM2M 和 CoAP 的产品，参考表 3-1 填写参数，填写内容如图 3-27 所示，单击"确定"按钮，完成产品的创建。

（4）产品创建成功后，出现图 3-28 所示的创建产品成功提示信息，单击"查看详情"按钮可查看产品详细信息。

表 3-1　创建产品的参数说明

所属资源空间	平台自动将新创建的产品归属在默认资源空间下。如需归属在其他资源空间下，可在下拉列表中选择所属的资源空间。如无对应的资源空间，可先创建资源空间
产品名称	自定义，如输入"BearPi_StreetLight"
协议类型	选择"LwM2M/CoAP"选项
数据格式	选择"二进制码流"选项
厂商名称	自定义，如输入"BearPi"
所属行业	根据产品模型的所属行业填写
设备类型	智能路灯

创建产品

★ 所属资源空间 ⑦	BearPi_wl ▼

如需创建新的资源空间，您可前往当前实例详情创建

★ 产品名称	BearPi_StreetLight
协议类型 ⑦	LwM2M/CoAP ▼
★ 数据格式 ⑦	二进制码流 ▼
厂商名称	BearPi
设备类型选择	标准类型　　自定义类型
所属行业 ⑦	智慧城市 ▼
所属子行业	公共服务 ▼
★ 设备类型	智能路灯 ▼
高级配置 ▼	定制ProductID | 备注信息

确定

图 3-27　创建产品

✓ 创建产品成功

×

产品ID为：**64a67c515c51f150f4d3c739**.

接下来您可以：

1. 定义产品模型
通过定义模型，在平台构建一款设备的抽象模型，使平台理解该款设备支持的功能

2. 添加和调试设备
您可以注册测试设备，或者使用平台提供的模拟器，进行在线调试

查看详情　　确定

图 3-28　创建产品成功提示信息

　　单击图 3-28 中的"确定"按钮，会看到创建成功的产品列表，如图 3-29 所示，单击"操作"栏中的"查看"按钮，进行后续操作。

产品名称	产品ID	资源空间	设备类型	协议类型	操作
BearPi_StreetLight	64a67c515c51f150f4d3c739	BearPi_wl	智能路灯	LWM2M/CoAP	查看 | 删除 | 复制

图 3-29　创建成功的产品列表

▶▶ 3.4.3　定义产品模型 ▶▶▶

单击图 3-28 中的"查看详情"按钮，或者图 3-29 中的"查看"按钮，均出现图 3-30 所示的产品模型定义页面，该页面下方提供了"上传模型文件"和"自定义模型"两种方式。

图 3-30　产品模型定义页面

第一种方式基于已开发好的产品模型，此方式适用于之前已经创建过本产品或在其他云账号下对产品模型进行重复创建时使用。在图 3-30 中单击"上传模型文件"按钮，出现图 3-31 所示的提示框。添加文件前，可先下载模型文件，或者使用自己或别人提供的现成模型文件，在添加文件时选择该文件，如图 3-32 所示，单击"确定"按钮，即可上传模型文件。

上传模型文件　　　　　　　　　　　　　　　　×

您可以通过了解产品模型格式规范，在本地进行开发、打包并上传。点击了解产品模型

| 点击右侧按钮先添加再上传 | | 添加文件 |

确定　　取消

图 3-31　提示框

图 3-32　选择要添加的文件

　　第二种方式适用于第一次新建产品模型时,通过创建云端的产品模型,对设备端要上传到云端的具体设备数据类型有更深的理解。就智慧路灯项目而言,需要上传路灯开关操作、光敏传感器采集到的实时光照强度数据、设备端 NB-IoT 通信模块的信号质量相关信息这些数据到云端显示,因此在接下来的自定义模型中,需要创建这些数据对应服务。同时在设备端的本地开发中,需要采集这些数据,并封装到发往云端的消息中,以便云端收到消息后,按照此处定义的产品模型进行数据解析。如果设备端发往云端的消息中包含的数据与云端产品模型中的数据类型、长度等不匹配,会导致云端无法解析消息体内的数据,最终导致通信失败。因此本项目中根据设备端的情况,云端的产品模型中使用了表 3-2 所示的设备服务列表。

表 3-2　设备服务列表

服务类型(ServiceID)	服务描述
Button	实时按键检测
LED	LED 灯控制
Sensor	实时检测光照强度
Connectivity	实时检测信号质量

　　各服务类型的服务能力描述分别如表 3-3~表 3-6 所示。

表 3-3　Button

能力描述	属性名称	数据类型	数据范围
属性列表	toggle	int	0 ~ 65 535

表 3-4　LED

能力描述	命令名称	命令字段	字段名称	类型	数据长度	枚举
命令列表	Set_LED	下发命令	led	string	3	ON、OFF
		响应命令	light_state	string	3	ON、OFF

表 3-5　Sensor

能力描述	属性名称	数据类型	数据范围
属性列表	luminance	int	0 ~ 65 535

表 3-6　Connectivity

能力描述	属性名称	数据类型	数据范围
属性列表	SignalPower	int	−140 ~ −44
	ECL	int	0 ~ 2
	SNR	int	−20 ~ 30
	CellID	int	0 ~ 65 535

具体的操作过程如下。

在图 3-30 中单击"自定义模型"按钮，出现图 3-33 所示的"添加服务"对话框。

图 3-33 "添加服务"对话框

按表 3-2 所示内容依次增加各项服务 ID。首先添加 Button(设备端 LED 灯的开关操作)，其参考填写方式如图 3-34 所示，∗表示必填。

图 3-34 添加 Button 参考填写方式

填写完成后，单击"确定"按钮，出现图 3-35 所示的页面，在该页面中单击"新增属性"按钮，添加 Button 属性的参考填写方式如图 3-36 所示。

模型定义　插件开发　在线调试

| 添加服务 | 导入库模型 | 上传模型文件 | Excel导入 | | | | 关于产品模型 | 导出 |

服务列表 ⊕ C

Button

服务ID Button　服务类型 Button　服务描述　　　　　　　　　　　　　　　修改服务信息　删除服务

| 新增属性 | 批量删除 |

| | 属性名称 | 数据类型 | 访问方式 | 描述 | 操作 |

图 3-35 单击"新增属性"按钮

图 3-36　添加 Button 属性的参考填写方式

填写完成后，单击"确定"按钮，出现图 3-37 所示页面，单击"添加服务"按钮，即可添加下一个服务 LED，如图 3-38 所示。

图 3-37　单击"添加服务"按钮

添加服务　　　　　　　　　　　　　　　　　　　　　　✕

★ 服务ID　　　LED

服务类型　　　LED　　　　　　　　　　　　　　　　⑦

服务描述

　　　　　　　　　　　　　　　　　　　　　　　　0/128

确定　　取消

图 3-38　添加 LED

在"服务列表"中选择"LED"选项，在右边单击"添加命令"按钮，为 LED 添加命令，如图 3-39 所示，其参考填写方式如图 3-40 所示。

图 3-39　为 LED 添加命令

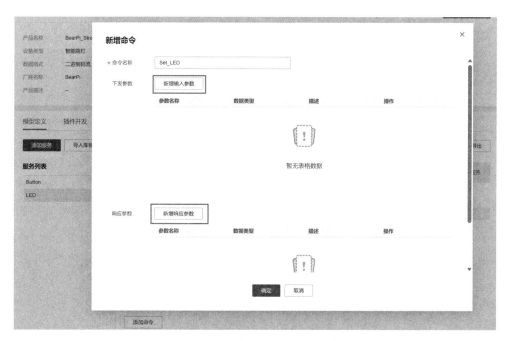

图 3-40　LED 命令参考填写方式

单击"新增输入参数"按钮，在出现的页面中新增输入参数，参考填写方式如图 3-41 所示。单击"新增响应参数"按钮，在出现的页面中新增响应参数，参考填写方式如图 3-42 所示。

图 3-41　新增输入参数参考填写方式

图 3-42　新增响应参数参考填写方式

　　填写完成后单击"确定"按钮，返回图 3-40 所示页面，单击"确定"按钮，返回图 3-37 所示页面，继续添加下一个服务 Sensor，用于接收设备端光敏传感器采集到的环境亮度值，如图 3-43 所示。

图 3-43　添加 Sensor

　　填写完成后单击"确定"按钮，出现图 3-44 所示页面，在"服务列表"中选择"Sensor"选项，单击右边的"新增属性"按钮，在出现的页面中新增 Sensor 的属性 luminance，参考填写方式如图 3-45 所示。

图 3-44 单击"新增属性"按钮

新增属性

* 属性名称　luminance

属性描述

0/128

* 数据类型　int(整型)

* 访问权限　可读　可写

* 取值范围　0　—　65535

步长　0

单位　lux

确定　取消

图 3-45 新增属性 luminance 参考填写方式

在图 3-37 所示页面中单击"添加服务"按钮，添加最后一项服务 Connectivity，用于表征设备端 NB-IoT 通信服务的一些状态参数，如图 3-46 所示。

添加服务

* 服务ID　Connectivity

服务类型　Connectivity ⑦

服务描述

0/128

确定　取消

图 3-46 添加服务 Connectivity

在"Connectivity"的下拉列表中选择"添加属性"选项，填写 SignalPower、ECL、SNR、CellID 属性相关信息，如图 3-47 所示，完成后单击"确定"按钮。

图 3-47　新增属性 SignalPower、ECL、SNR、CellID

至此，自定义产品模型就完成了，如图 3-48 所示。如果需要对某个服务类型中的某个属性进行修改，可以在"服务列表"中选择对应属性后，在右边的属性列表的操作中选择修改，也可以删除该属性后重新添加。

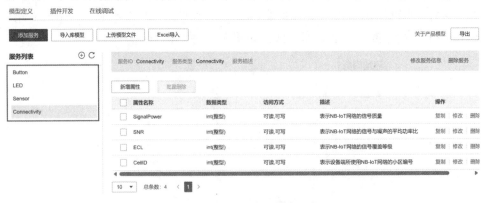

图 3-48　自定义产品模型完成

3.4.4　开发编解码插件

上一节在控制台中定义了产品应具备的功能，包括设备上报的属性和能理解的命令。由于智慧路灯的数据格式是二进制，而物联网平台的数据格式为 JSON 格式，所以需要开发编解码插件，让物联网能够理解智慧路灯上报的数据，让智慧路灯能理解物联网平台下发的命令。

下面介绍两种编解码插件开发方式：第一种是离线导入编解码插件方式，采用这种方式可快速体验上云流程；第二种是编解码插件开发流程，稍后详细说明。

下面先简单介绍第一种开发方式。

（1）在产品详情页面选择"插件开发"选项，选择"离线开发"选项，单击"添加文件"按钮，上传已有的编解码插件，如图 3-49 所示（没有编解码插件的用第二种方式）。

图 3-49　上传编解码插件

（2）单击"上传插件"按钮，单击"确认"按钮，完成编解码插件的上传，如图 3-50 所示。

图 3-50　完成编解码插件的上传

接下来介绍第二种开发方式。

（1）在产品详情页面选择"插件开发"选项，选择"图形化开发"选项，单击"图形化开发"按钮，如图 3-51 所示。

图 3-51　插件开发设置

（2）在"在线开发插件"选项下单击"新增消息"按钮，如图 3-52 所示。

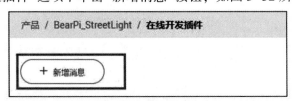

图 3-52　在"在线开发插件"选项下单击"新增消息"按钮

（3）新增消息 Report_Connectivity，其配置如图 3-53 所示。

● 消息名：Report_Connectivity。

● 消息类型：数据上报。

● 添加响应字段：是。

图 3-53　新增消息 Report_Connectivity

（4）在"新增消息"对话框中单击"添加字段"按钮，在"添加字段"对话框中勾选"标记为地址域"复选框，然后单击"确定"按钮，添加地址域字段 messageId，如图 3-54 所示。

图 3-54　添加地址域字段 messageId

（5）在"新增消息"对话框中单击"添加字段"按钮，填写相关信息，然后单击"确定"按钮，添加 SignalPower 字段，如图 3-55 所示。

- 名字：SignalPower。
- 数据类型（大端模式）：int16u。

图 3-55　添加 SignalPower 字段

（6）在"新增消息"对话框中单击"添加字段"按钮，填写相关信息，然后单击"完成"按钮，添加 ECL 字段，其配置如图 3-56 所示。

- 名字：ECL。
- 数据类型（大端模式）：int16s（16 位有符号整型）。

图 3-56　添加 ECL 字段

（7）在"新增消息"对话框中单击"添加字段"按钮，填写相关信息，然后单击"完成"按钮，添加 SNR 字段，其配置如图 3-57 所示。

图 3-57　添加 SNR 字段

- 名字：SNR。
- 数据类型(大端模式)：int16s(16 位有符号整型)。

(8)在"新增消息"对话框中单击"添加字段"按钮，填写相关信息，然后单击"确认"按钮，添加 CellID 字段，其配置如图 3-58 所示。

- 名字：CellID。
- 数据类型(大端模式)：int32s。

图 3-58　添加 CellID 字段

(9)在"新增消息"对话框中单击"确认"按钮，完成消息 Report_Connectivity 的配置。

(10)新增消息 Report_Toggle，其配置如图 3-59 所示。

- 消息名：Report_Toggle。
- 消息类型：数据上报。
- 添加响应字段：是。

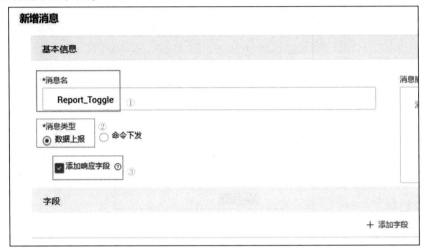

图 3-59　新增消息 Report_Toggle

(11)在"新增消息"对话框中单击"添加字段"按钮，在"添加字段"对话框中勾选"标记为地址域"复选框，然后单击"确认"按钮，添加地址域字段 messageId，如图 3-60 所示。

图 3-60　添加地址域字段 messageId

（12）在"新增消息"对话框中单击"添加字段"按钮，填写相关信息，然后单击"确认"按钮，添加 toggle 字段，其配置如图 3-61 所示。

- 名字：toggle。
- 数据类型（大端模式）：int16u（16 位无符号整型）。

图 3-61　添加 toggle 字段

（13）在"新增消息"对话框中单击"确认"按钮，完成消息 Report_Toggle 的配置。

（14）新增消息 Report_Sensor，其配置如图 3-62 所示。

- 消息名：Report_Sensor。
- 消息类型：数据上报。

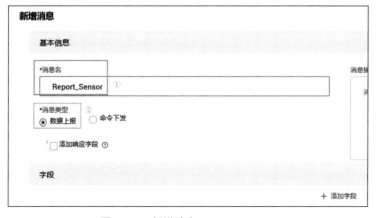

图 3-62　新增消息 Report_Sensor

123

（15）在"新增消息"对话框中单击"添加字段"按钮，在"添加字段"对话框中勾选"标记为地址域"复选框，然后单击"确认"按钮，添加地址域字段 messageId，其配置如图 3-63 所示。

图 3-63　添加地址域字段 messageId

（16）在"新增消息"对话框中单击"添加字段"按钮，填写相关信息，单击"确认"按钮，添加 data 字段，其配置如图 3-64 所示。

图 3-64　添加 data 字段

- 名字：data。
- 数据类型(大端模式)：int16u。
- 长度：2。

(17)在"新增消息"对话框中单击"确认"按钮，完成消息 Report_Sensor 的配置。

(18)新增消息 Set_Led，其配置如图 3-65 所示。

- 消息名：Set_Led。
- 消息类型：命令下发。
- 添加响应字段：是。

图 3-65　新增消息 Set_Led

(19)在"新增消息"对话框中单击"添加字段"按钮，在"添加字段"对话框中勾选"标记为 地址域"复选框，然后单击"确认"按钮，添加地址域字段 messageId，如图 3-66 所示。

图 3-66　添加地址域字段 messageId

（20）在"新增消息"对话框中单击"添加字段"按钮，在"添加字段"对话框中勾选"标记为响应标识字段"复选框，然后单击"确认"按钮，添加响应标识字段 mid，如图 3-67 所示。

图 3-67　添加响应标识字段 mid

（21）在"新增消息"对话框中单击"添加字段"按钮，填写相关信息，然后单击"完成"按钮，新增 led 字段，其配置如图 3-68 所示。

图 3-68　新增 led 字段

- 名字：led。
- 数据类型(大端模式)：string(字符串类型)。
- 长度：3。

(22)在"新增消息"对话框中单击"添加响应字段"按钮。在"添加字段"对话框中勾选"标记为地址域"复选框，然后单击"确认"按钮，添加地址域字段 messageId。

(23)在"添加字段"对话框中勾选"标记为响应标识字段"复选框，然后单击"确认"按钮，添加响应标识字段 mid。

(24)在"添加字段"对话框中勾选"标记为命令执行状态字段"复选框，然后单击"确认"按钮，添加命令执行状态字段 errcode，如图 3-69 所示。

图 3-69　添加命令执行状态字段 errcode

(25)在"新增消息"对话框中单击"添加响应字段"按钮，填写相关信息，单击"完成"按钮，新增 light_state 字段，其配置如图 3-70 所示。

- 名字：light_state。
- 数据类型(大端模式)：string(字符串类型)。
- 长度：3。

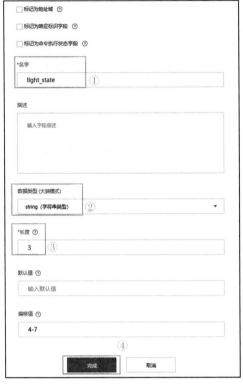

图 3-70　新增 light_state 字段

（26）在"新增消息"对话框中单击"确认"按钮，完成消息 Set_Led 的配置。

（27）拖拽右侧"设备模型"区域的属性字段、命令字段和响应字段，与数据上报消息、命令下发消息和命令响应消息的相应字段建立映射关系，如图 3-71 所示。

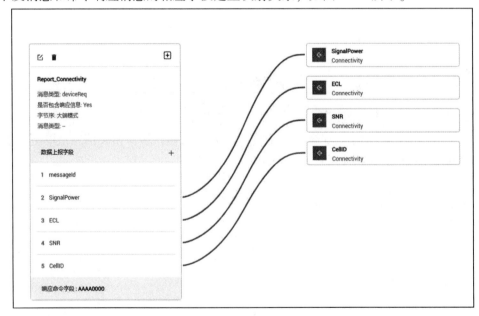

图 3-71　建立映射关系

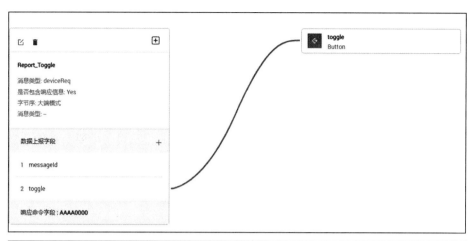

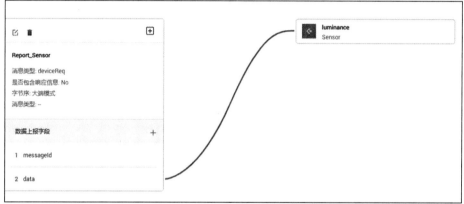

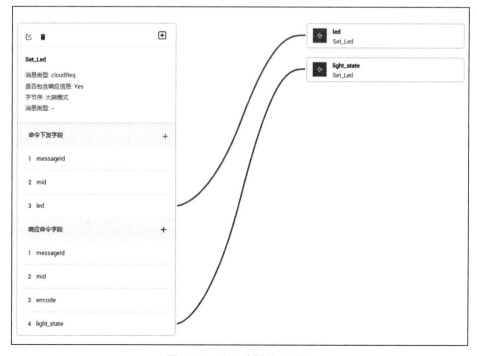

图 3-71　建立映射关系(续)

（28）单击"保存"按钮，保存插件，然后单击"部署"按钮，将编解码插件部署到物联网平台，如图 3-72 所示。

图 3-72　部署

至此，在华为云平台成功创建了一个智慧路灯产品，并把从设备端要上报的消息封装的参数完整地进行了配置，接下来就需要将设备的硬件号码注册到云端，让设备与云端形成对应的映射关系。

▶▶▶ 3.4.5　注册设备 ▶▶▶

下面介绍集成 NB-IOT 模块设备的注册方法，将小熊派智慧路灯在物联网平台上注册。

（1）在产品详情页面，选择"在线调试"选项，单击"新增测试设备"按钮，如图 3-73 所示。

图 3-73　在线调试

（2）打开"新增测试设备"对话框，将"设备类型"设置为"真实设备"，填写设备参数，单击"确定"按钮，如图 3-74 所示。

图 3-74　新增测试设备

● 设备名称：自定义。

● 设备标识码：设备的 IMEI 号码，用于设备在接入物联网平台时携带该标识信息，完成接入鉴权，可在 NB-IOT 模块上查看，如图 3-75 所示。也可以将拨码开关拨到 AT-PC 模式，选择 STM 的端口，波特率设置为 9600，输入命令"AT+CGSN＝1"获取 IMEI 号，图 3-76 是通过 AT 命令查看 IMEI 号码。获取 IMEI 号码，并注册完设备后，需要将开发板的拨码开关拨到 AT-MCU 模式，因为开发板在该模式下才会通过 NB-IOT 模块连接网络。

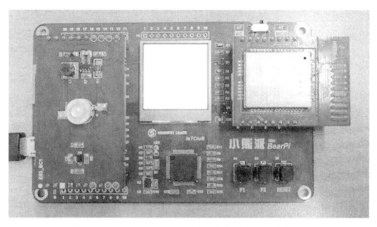

图 3-75 查看 NB-IoT 模块上的 IMEI 号码

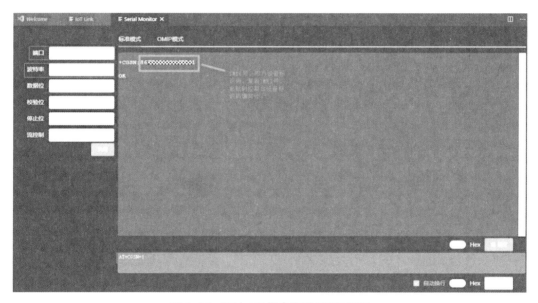

图 3-76 通过 AT 指令查看 IMEI 号码

● 设备注册方式：不加密。

（3）设备创建成功，可在页面看到创建的设备，如图 3-77 所示。

图 3-77 查看创建的设备

至此，在云平台创建了产品对应的硬件设备信息。一旦设备上电工作，传感器采集数据后，就会按一定的频率上报云平台，云平台收到对应的光照强度数据，并实时显示。

3.4.6 云平台数据显示 ▶▶ ▶

云平台和开发板建立连接后，根据烧录至开发板的代码，小熊派智慧路灯每隔 2 秒(上报频率可根据业务需要在样例中自行设置)上报光敏传感器数据。用户可以通过用手遮挡光线改变光照强度，查看设备上报给云平台的光照强度数据的实时变化，云平台数据显示页面如图 3-78 所示。

注意，要先检查开发板的拨码开关是否拨在 AT-MCU 模式。

(1)登录设备接入服务控制台，选择"所有设备"选项。

(2)选择此处注册的设备，单击"查看"按钮，进入设备详情，查看上报到云平台的数据。

图 3-78　云平台数据显示页面

3.4.7 云平台命令下发 ▶▶ ▶

云平台可以下发命令到设备，具体操作如下。

(1)登录设备接入服务控制台，选择创建的产品，单击产品，进入产品页面。

(2)选择"在线调试"选项，单击注册的设备，进入调试页面。

(3)设置命令参数后，单击"命令发送"按钮，命令下发页面如图 3--79 所示。

图 3-79　命令下发页面

（4）小熊派开发板接收到云平台下发的 ON 命令，智慧路灯被点亮，如图 3-80 所示。下发 OFF 命令后，智慧路灯熄灭。

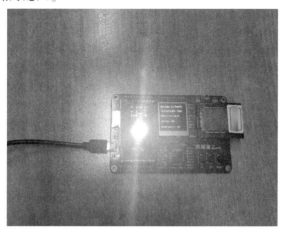

图 3-80 智慧路灯被点亮

至此，云平台的操作就全部结束了。随着云平台的持续开发，如果云平台支持更多的功能，可根据云平台最新的功能来进行其他扩展，如阈值设置、将设置的阈值与收到的亮度值进行比较后自动下发开灯或关灯命令等，这些扩展应用就留给读者自行探索。

▶▶▶ 3.4.8 物联网通信协议：LwM2M 和 CoAP ▶▶▶

受限制的应用协议（Constrained Application Protocol，CoAP）和轻量级 M2M（Lightweight Machine-To-Machine，LwM2M）协议是当今物联网的主流通信协议。在物联网场景中，通信主要发生在设备和物联网平台之间。大部分物联网设备都是资源受限型设备，它们的物理资源和网络资源都非常有限，直接使用现有的 HTTP 进行通信，对它们来说要求实在是太高了。因此，物联网场景中主要使用的通信协议都是轻量级的、专门为资源受限环境而设计的通信协议，如 LwM2M 和 CoAP，图 3-81 所示是 LwM2M 和 CoAP 的协议栈。

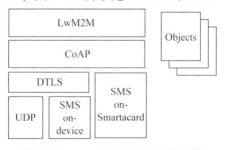

图 3-81 LwM2M 和 CoAP 协议栈

CoAP 运行于 UDP 之上，设计上主要借鉴了 HTTP 的 RESTful 风格，简化了协议包格式，一个最小的 CoAP 数据包仅有 4 字节。CoAP 采用了和 HTTP 相同的请求/响应模型，客户端发出请求后，服务端处理请求并回复响应，是一种点对点的通信模型。CoAP 和 HTTP 一样，都是通过 URI 指定要访问的资源，但 CoAP 以 coap：或 coaps：开头，其中 coaps 的 s 是指消息通过数据包传输层安全性（Datagram Transport Layer Security，DTLS）协议加密。图 3-82 所示是 CoAP 数据包结构。

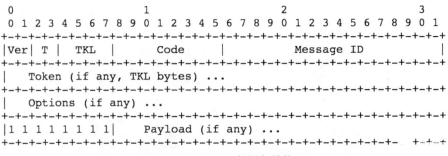

图 3-82　CoAP 数据包结构

CoAP 的每一条消息都是一条二进制的报文，由以下部分组成。

(1) Ver：长度 2 位，用于表示 CoAP 的版本号。

(2) T：长度 2 位，用于表示报文类型。CoAP 定义了 4 种报文类型。

● CON：需要应答的报文，接收者收到该消息后，需要及时回复一个 ACK 报文。

● NON：无须应答的报文。

● ACK：应答报文。

● RST：复位报文，当接收者无法解析收到的报文或收到的报文中有错误时，可以回复 RST 报文。

(3) TKL：长度 4 位，用于表示 Token 字段的长度。

(4) Code：长度 8 位，在请求消息中用于表示请求方法（包括 GET、POST、PUT、DELETE 方法），在响应消息中表示响应码（与 HTTP 的响应码类似）。

(5) Message ID：长度 16 位，用于标识报文。Message ID 的主要用途有两个：一个是服务端收到 CON 报文后，需要返回相同 Message ID 的 ACK 报文；另一个是重发场景下，用相同的 Message ID 表示这是同一条报文的重复发送。

(6) Token：可选字段，长度由 TKL 决定，同样用来标识报文。例如，有时候服务端收到 CON 报文（携带了 Token），请求的内容无法立刻处理完成，就只能先回复一个不带响应数据的 ACK 报文，待请求处理完成后，再通过一个 CON 或 NON 报文将实际响应数据带给客户端。此时，这个报文就必须携带和之前的 CON 报文相同的 Token，告诉客户端这个报文是之前的 CON 报文的响应。图 3-83 所示是基于服务端-客户端的携带了 Token 的 CON 报文交互过程。

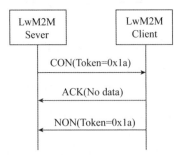

图 3-83　基于服务端-客户端的携带了 Token 的 CON 报文交互过程

同理，若客户端发送 NON 报文，服务端也同样可以使用 NON 报文进行响应，两个报文使用 Token 进行关联。除此之外，Token 还可用于消息防伪造等场景，此处不再展开说明。

（7）Options：可选字段，长度不定，作用类似于 HTTP 中的消息头。

（8）1 1 1 1 1 1 1 1：隔离符，用于分隔 Options 和 Payload。

（9）Payload：实际负载数据，即 HTTP 中的消息体，用于携带这条消息实际的内容，可以为空。

LwM2M 协议是由开放移动联盟（Open Mobile Alliance，OMA）提出并定义的基于 CoAP 的物联网通信协议。LwM2M 协议在 CoAP 的基础上定义了接口、对象等规范，使物联网设备和物联网平台之间的通信更加简洁、规范。

LwM2M 协议定义了 3 个逻辑实体：LwM2M Server（服务端）、LwM2M Client（客户端）、LwM2M Bootstrap Server（引导服务）。其中，LwM2M Server 和 LwM2M Bootstrap Server 可以是同一个服务器。在这些实体间，LwM2M 协议定义了以下 4 个接口。

（1）引导接口。客户端首次启动后，可以通过该接口访问引导服务（需要厂家提前把引导服务器的地址写入设备），获取服务端的地址。图 3-84 所示是 LwM2M 协议中的 Bootstrap 引导服务。

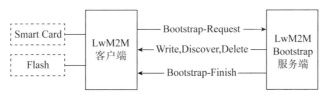

图 3-84　LwM2M 协议中的 Bootstrap 引导服务

（2）设备发现与注册接口。客户端通过该接口将自己的基本信息写到服务端，包括支持哪些功能，该接口同时还可用于升级注册信息和注销设备。图 3-85 所示是 LwM2M 协议中的设备发现、注册、升级接口。

图 3-85　LwM2M 协议中的设备发现、注册、升级接口

（3）设备管理和业务实现接口。服务端通过该接口给客户端下发命令，客户端处理命令并返回响应。该接口定义了 7 种操作，分别是 Create、Read、Write、Delete、Execute、Write Attributes 和 Discover。图 3-86 所示是 LwM2M 协议中的设备管理和业务实现接口。

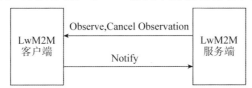

图 3-86　LwM2M 协议中的设备管理和业务实现接口

（4）信息上报接口。LwM2M 协议允许服务端向客户端订阅资源信息，客户端会按照接口约定的模式（事件触发或定期）向服务端主动上报信息。

在上述接口中，服务端对客户端进行操作时，都需要指定一个具体的操作目标，如读某个属性或写某个属性。在 HTTP 中，这种目标的指定是通过统一资源标识符或消息体内携带的文本消息来指定的。为了使通信消息更加简洁，LwM2M 协议定义了对象和资源的概念。图 3-87 所示是 LwM2M 协议中的对象和资源

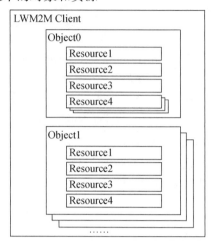

图 3-87　LwM2M 协议中的对象和资源

对象是资源的集合，LwM2M 协议定义了 8 个标准对象，给它们分别分配了 0~7 的对象 ID，例如对象 ID 为 5 的是固件对象。考虑到拓展性，LwM2M 协议也允许使用者自定义新的对象并为其分配对象 ID。

每个对象在被使用之前必须先被实例化，因为对象都是抽象的模型，一个对象可以有多个实例，每个实例为一个单独的逻辑实体。对象实例化时会被分配实例 ID，实例 ID 从 0 开始递增。

资源可以理解为对象的属性，是 LwM2M 协议中实际用于携带信息的实体。同一个对象的不同实例中的资源携带值可以是不同的。每个资源都被分配了一个资源 ID，例如固件对象的固件包名称的资源 ID 为 6。和对象一样，LwM2M 协议也允许自定义资源。

至此，通过对象 ID、实例 ID 和资源 ID，就可以用 3 个数字指示一个具体的资源，例如 5/0/6 表示固件对象第一个实例的固件包名称。在注册阶段，客户端就会把支持的对象的示例写入服务端，用于通知服务端自己支持的能力。

LwM2M 协议是基于 CoAP 的一种具体规范，LwM2M 和 CoAP 基于 UDP，服务端和客户端之间不保持连接；通信基于请求–响应模型，与互联网主流的 HTTP 相同，主要用于点对点的通信。LwM2M 和 CoAP 针对物联网场景定义了各种类型和标签，支持内容协商与发现，允许设备相互探测以找到交换数据的方式，其报文为极简的二进制报文，长度更短，对设备和网络的要求较低，已成为目前主流的物联网通信协议。

▶▶▶ | 3.4.9　思政课堂 ▶▶ ▶

思政小故事 | 苏炳添：秉心自超越

苏炳添，中国田径运动员，暨南大学体育学院副教授，硕士研究生导师，男子 60 米、100 米亚洲纪录保持者。2007 年，苏炳添进入广东省队，两年后进入国家队。2012 年，在伦敦奥运会男子 100 米比赛中，苏炳添以小组第三晋级半决赛，成为中国短跑史上第一位晋

级奥运会男子百米半决赛的选手。2015 年 5 月，在国际田联钻石联赛美国尤金站的比赛中，苏炳添以 9 秒 99 的成绩获得男子 100 米第三名，成为首位进入 10 秒关口的亚洲选手。2017 年 5 月，苏炳添在国际田联钻石联赛上海站男子百米赛中以 10 秒 09 夺冠。2018 年 2 月，苏炳添以 6 秒 43 夺得国际田联世界室内巡回赛男子 60 米冠军，并刷新亚洲纪录；3 月，在世界室内田径锦标赛中以 6 秒 42 再次打破男子 60 米亚洲纪录摘得银牌，成为首位在世界大赛中赢得男子短跑奖牌的中国运动员，也创造了亚洲选手在这个项目的最好成绩；6 月 23 日，在国际田联世界挑战赛马德里站以 9 秒 91 成绩追平亚洲纪录获得男子 100 米的冠军；8 月，在雅加达亚运会田径男子 100 米的决赛中以 9 秒 92 打破亚运会纪录夺冠。2019 年 11 月，苏炳添当选世界田联运动员工作委员会委员。2021 年 3 月，苏炳添在 2021 年室内田径邀请赛西南赛区男子 60 米决赛中以 6 秒 49 的成绩位列 2021 年亚洲第一、世界第三；8 月 1 日，苏炳添在东京奥运会男子 100 米半决赛中以 9.83 秒刷新亚洲纪录。

3.5 开发过程中常见问题汇总

▶▶|3.5.1 怎么插 SIM 卡 ▶▶▶

拿一张确定可用的物联网 SIM 卡，无论哪个运营商的都行，运营商不同只是通道不同，最终都会把消息发给华为云平台。将 SIM 卡以缺口朝外的方式插入通信模块中，注意不要插到主板的 SD 卡槽中。图 3-88 所示是正确插入 SIM 卡的方式。

图 3-88 正确插入 SIM 卡的方式

▶▶|3.5.2 4G/5G 和 NB 是否共用一张卡 ▶▶▶

本书项目中使用的 SIM 卡只支持中国移动的 NB-IoT 网络，只能使用数据业务。该 SIM 卡不能放到手机中去使用，读者手机中的 SIM 卡也不能用于项目实验。

3.5.3 扩展板怎么插 ▶▶▶ ▶

将传感器扩展板左上角的白点与底板的白点对应插上,通信板以天线朝外的方式插入,注意不要插错位置。

3.5.4 NB-IoT 模块平台设备无法上线怎么排查原因 ▶▶ ▶

(1)确认已经在平台使用 NB-IoT 模块的 IMEI 号注册设备。

(2)确认插卡的方向是正确的(缺口朝外,插在通信板的卡槽处)。

(3)确认板子右上角的拨码开关已经拨到 AT-MCU 模式。

(4)确认程序已经成功烧录到开发板上。

(5)如果是烧录带有 FOTA 升级的代码,请确认是否有烧录 bootloader 代码。

(6)如果使用的是 IoT Studio 编译器,请在"SDK 管理"对话框中查看 SDK 是否需要更新。若需要更新,则更新 SDK 后重新创建工程。

(7)确认卡是否欠费,目前使用的是流量套餐,每个月 300 MB 流量包,超出后就会暂时无法使用网络。

(8)如果使用的是 LiteOS Studio 编译器或 MDK 编译器,可以通过 QCOM 软件查看是否被设置为手动联网模式。流程如下:将开发板右上角的拨码开关拨到 AFPC 模式;打开软件资料里面的串口调试工具;先发送"AT+NCONFIG?"命令,若回复参数为 FALSE,则依次发送"AT+NCONFIG = AUTOCONNECT""TRUEAT+NRB"这两条命令;将拨码开关拨回 AF-MCU 模式,按下开发板复位键,等待设备上线。图 3-89 所示是使用 AT 命令查看相关参数。

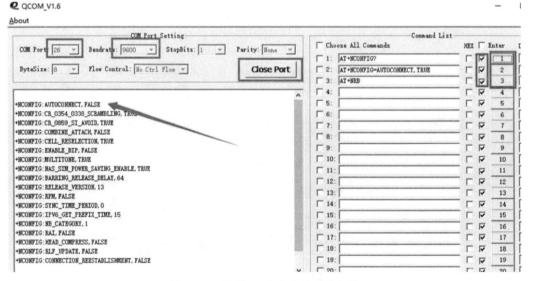

图 3-89 使用 AT 命令查看相关参数

3.5.5 平台提示"该验证码已被注册,请修改后再注册" ▶▶▶ ▶

一个平台上只能存在一个设备,可以将原来的设备删除,然后注册该设备。如果多人共用一套设备,那么出现该问题的概率较高。每个人在平台上绑定该设备时,应确保其他人已经在自己的云平台产品中删除该设备。注意，每个硬件设备只能通过自己的 IMEI 号码被唯一地绑定在云平台。

▶▶▌3.5.6 LiteOS 软件黑屏 ▶▶ ▶

安装路径中不能有中文字符，确保项目的路径全部为英文。

▶▶▌3.5.7 设备管理器没有提示端口 ▶▶ ▶

依次确认 ST-Link 驱动是否安装好，安装的驱动是否和系统位数匹配，USB 线是否有接触不良的情况，如果故障仍无法排除，更换 USB 线或计算机试试。注意，USB 线必须为可传输数据的数据线。

▶▶▌3.5.8 GPS 一直检测不到数据 ▶▶ ▶

GPS 室内信号较差，可以把 GPS 模块伸到窗外，或者将整个开发板放到室外。

▶▶▌3.5.9 云平台上一直没有数据显示 ▶▶ ▶

通过串口打印信息确定本地采集到的数据正常，再确认网络附着状态正常，网络信号正常，云平台上产品创建数据无误，profile 无误，检查使用的浏览器是否有强制翻译功能，如果是，请更换浏览器或换一台计算机去登录华为云平台。

▶▶▌3.5.10 从云平台下发命令到设备端无反应 ▶▶ ▶

如果云平台上能正常显示收到的设备端数据，但是从云平台下发命令给设备端时无反应，应确认设备状态在线后，从图 3-90 所示的位置下发异步命令，下发测量应选择"缓存下发"，缓存时间可设置为 3~5 秒不等，单击"确定"按钮下发命令，等一会在"异步命令下发"下的"历史命令"中查看下发结果，如图 3-91 所示。状态为"超期"表示拥堵，需要重新下发；状态为"成功"表示命令已成功下发，此时单板应该有对应动作，表示云平台和单板通信正常。如果大规模消息都超期，建议增大缓存时间再尝试，或者换个时段再尝试。

图 3-90　下发异步命令

异步命令下发

队列中的命令　历史命令

状态 ▽	命令名称	命令ID	命令创建
成功	Track_Control_Beep	ead64813-abe2-43da-a495-1...	2022/0·
超期	Track_Control_Beep	67e07588-8d85-4a7c-a022-5...	2022/0·

图 3-91　查看异步命令下发结果

在项目开发过程中难免会遇到各种问题，在熟知整个操作流程后，可一步步进行检查。有些问题如果很难通过排查的方式来解决，建议从头开始，全部重新操作一遍，操作时仔细认真，可以避免很多问题的发生。

▶▶ **3.5.11　思政课堂** ▶▶ ▶

思政小故事｜陈贝儿：江海意无穷

陈贝儿，香港第一位采访奥斯卡金像奖颁奖典礼、夏纳国际电影节等国际盛事的女主播，现任博美娱乐集团有限公司副总裁，并兼顾主持工作。

陈贝儿在传媒行业工作近 20 年。2021 年，为拍摄脱贫攻坚纪录片《无穷之路》，陈贝儿和团队走访了 14 个曾经处于深度贫困的地区，深刻诠释了中国共产党"以人民为中心"的思想，拉近了内地和香港同胞的距离。2022 年 3 月 3 日，陈贝儿被评为"感动中国 2021 年度人物"。

项目 4
智能颜色识别系统

 4.1 项目概况

▶▶▶| 4.1.1 项目背景 ▶▶ ▶

人眼看到的风景是多姿多彩的，而人脑获取的颜色数据信息都是基于基础的三原色延展出来的。人眼中的视网膜上有 3 种不同的锥状细胞，对红色、绿色、蓝色 3 个颜色的波段最为敏感。颜色与人类的生活息息相关，它们能够辅助人类直观、快捷地对外界信息进行判断。自然界的光线五光十色，人眼能看到的可见光是十分有限的，人眼对于颜色的分辨能力更加有限。性别不同，眼睛内的视锥细胞数量也不同。女性的视锥细胞比男性多，因此女性对颜色的敏感程度高于男性。目前的摄像头大多可以处理上亿的颜色像素数据，对于不同的颜色差值也有着极强的分辨能力，借助计算机的辅助，能完成很多人眼无法完成的任务。

在传统工业生产中，色彩传感器发挥着极为重要的作用，如对工业色彩监视器的色彩校准，对不同色号的口红的识别与分类，从血液的颜色来判断其浓度值，以及从血液成分来判断患者的身体情况等。对于已经制定好具体功能的色彩传感器，其适用面较为狭窄，在出现特殊情况时校准能力差，无法轻易对硬件的设定基准进行数值修改。针对这种情况，用计算机视觉中的颜色算法来替代传统硬件功能，不仅能提升传感器的适用范围，还可以在遇到各种特殊情况时，快速对识别的基准进行调整，从而有效应对各种突发情况。算法的可移植性强，可以应对各种问题，也为改善智能机器人视觉问题打下了坚实的基础。

OpenCV 是一个开源的计算机视觉库，用于进行高效的计算处理，重点强调实时性的应用开发。与通过单片机添加色彩传感器模块来实现颜色识别功能相比，使用 OpenCV 的颜色识别算法可以更加简洁、高效、精准地实现对物体颜色的分辨。因为 OpenCV 的开源算法支持实时应用开发，所以可以随时对其系统程序内核进行修改和移植。在多样化的函数模块的辅助下，摄像头可以同时对多个目标的颜色数据和坐标信息进行捕获。在受不同环境光的影响时，可以通过对颜色阈值的设定和光线消除操作来减少识别误差，从而获取更加准确的颜色数据信息。随着科技的快速发展，高效、便捷、省力是科技生产的头号标签，OpenCV 颜色识别系统轻量且高效，目前已在多个领域有着广泛的应用。

4.1.2 软硬件资源

本项目的核心任务是将摄像头捕获到的图像经过处理后，根据程序设定的颜色阈值和筛选条件，得出图像中存在的物体的具体颜色数据信息。本项目采用的摄像头是 SY020HD-V01 的 USB 免驱动接口正方形摄像头模块，200 万的像素可以满足日常需要。为了突破空间距离的限制，将一块树莓派开发板作为上位机，在树莓派开发板内置的 64 位 Debian 系统上安装和使用各种功能软件，将写好的颜色识别系统程序通过树莓派开发板连接摄像头执行，将捕捉并处理后得到的画面信息、颜色信息和坐标信息通过 Wi-Fi 传递回计算机。整个过程简洁、方便，简单来说，就是通过一个上位机设备调用摄像头，来实现颜色识别代码功能，达到检测和识别的目的。

4.1.3 项目流程

主控模块采用树莓派开发板，通过 SY020HD-V01 摄像头来捕获图像信息，通过 USB 接口来将图像信息发送给处理器，对应的颜色结果输出到上位机。用户可以根据自己的需求，对需要识别的颜色进行阈值设定，还可以通过为同色类别设定微小阈值差异来对物体进行精确的分类识别。图 4-1 所示是总体设计框图。

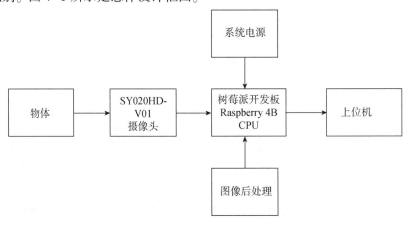

图 4-1　总体设计框图

树莓派开发板的功能实现流程和 K210 芯片差不多，但比起资源稀缺的 K210 芯片，树莓派开发板的使用范围更广，而且树莓派开发板可调用的外设基本都和上位机等设备兼容，其性能比用于学习研发的 K210 芯片更加完善、强大。在语法层面，树莓派开发板可调用的视觉库函数达 500 多个，而仍处于开发阶段的 K210 芯片可使用的函数不超过 150 个。虽然 K210 芯片的算力远超树莓派开发板，但在应对各种问题(无论是临时修改处理方法还是及时添加更多处理功能)时，OpenCV 显然都更胜一筹。

4.1.4 项目效果

图 4-2 所示是本项目最终实现及实物效果图。

图 4-2　本项目最终实现及实物效果图

▶▶▶ 4.1.5　思政课堂 ▶▶ ▶

思政小故事｜张顺东和李国秀：自强敏天行

张顺东，男，汉族，1974 年 6 月生，云南省昆明市东川区乌龙镇坪子村村民。李国秀，女，汉族，1969 年 10 月生，云南省昆明市东川区乌龙镇坪子村芭蕉菁小组村民。张顺东和妻子李国秀身残志坚、自立自强，用奋斗创造幸福生活，照顾年迈老人、抚养年幼孩子以及失去双亲的两个侄女，书写了"踏出脱贫路、撑起半边天"的感人故事，荣获"云南省道德模范"称号，被授予全国脱贫攻坚奋进奖，其家庭被评为"全国最美家庭"。

2021 年 11 月，张顺东和李国秀被授予"第八届全国道德模范"称号。2022 年 3 月 3 日，张顺东和李国秀被评为"感动中国 2021 年度人物"。

4.2　硬件开发环境搭建

▶▶▶ 4.2.1　硬件简介 ▶▶ ▶

本次设计的重点是用软件来实现大部分功能，因此需要主控模块的芯片有强大的数据处理和执行能力，以及较高的运算速度，同时内核系统需要能够支持 Python 程序。在考虑了整体内核系统的功能实用性、硬件外设配置便捷性和性价比后，最后决定采用 Raspberry Pi 4 Model B 型号的树莓派开发板作为搭载颜色识别系统的主控模块。

树莓派开发板是一块基于 ARM 内核的微型主板，采用的芯片是集成了 CPU 和 GPU 的 BCM2711 芯片。树莓派开发板支持 5 V、3 A 的电源输入，具备 1.5 GHz 主频的 64 位处理器，同时附带两个 USB 2.0 和两个 USB 3.0 接口，可直接插入摄像头接口，实现串口通信。

树莓派开发板的构造就如同计算机主板的缩小版，除具备 1.5 GHz 主频的四核 64 位处理器之外，还配备高达 8 GB 的内存(可选 1 GB、2 GB、4 GB、8 GB)、2.4/5.0 GHz 的双频无线网络接口、蓝牙 5.0 模块、千兆以太网接口，以及 4 个 USB 接口和 PoE 供电接口，同时还有 40 根 GPIO 引脚提供额外的外设模块添加服务。树莓派开发板还搭载了很多可供使用者快速实现多种功能的高级模块，如双通道 MIPI DSI 显示接口、双通道 MIPI CSI 摄像头接口、Micro HDMI 接口等，可谓是"麻雀虽小，五脏俱全"。

图 4-3 所示是本项目使用的树莓派开发板实物图。

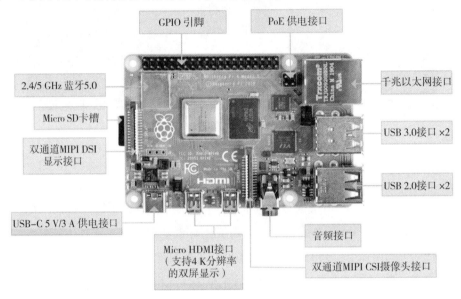

图 4-3　树莓派开发板实物图

通过 USB Type-C 接口给树莓派开发板供电后，树莓派开发板便会启动芯片配置的内置系统和所有模块的功能，为需要执行的命令做好准备。

SY020HD-V01 摄像头是一个接有 USB 2.0 数据线的正方形摄像模块，摄像头所镶接的电路板上有一颗独立运算的芯片，让摄像头在有着 200 万像素的高清镜头下还能保持稳定的 60 帧率，使整个画面可以极其流畅地显示。镜头视角可达到 70 度广角无畸变，焦距 6.6 毫米，需手动进行对焦，对物体识别不会出现失真和无法对焦的情况。摄像头支持逆光拍摄，在强光直射环境下，可将强光转化为环境光发散，不会对颜色识别过程产生任何光照影响。摄像头模块周边附有多个焊接铜片，可以焊接多个红外 LED 来给摄像头进行视觉补强。USB 2.0 数据线接头确保摄像头无须安装任何硬件驱动，即插即用。图 4-4 所示是 SY020HD-V01 摄像头模块实物图。

图4-4 SY020HD-V01摄像头模块实物图

▶▶▷ 4.2.2 开发板硬件连接 ▶▶▷

图4-5所示是开发板硬件接线图。

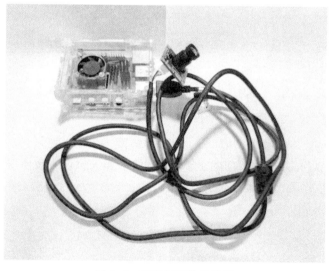

图4-5 开发板硬件接线图

▶▶▷ 4.2.3 树莓派系统开发板硬件应用 ▶▶▷

想要运行功能代码程序，需要先为树莓派开发板烧录操作系统镜像。macOS_Mojave的镜像文件为Debian-Buster-Desktop-Aarch64-072.img，读者可以在树莓派爱好者基地的Github学习网站下载到该镜像文件。准备一个内存大于16 GB的TF存储卡，将其格式化后作为系统卡。系统卡在烧录镜像后，内存总量仅剩230 MB左右，若要在树莓派开发板里添加其他的独立应用软件，需要确保该应用软件不可大于剩余内存容量。假如烧录的镜像文件过大，以至于无法安装需要使用的软件，可以尝试使用无桌面版本镜像。本次实验需要用到桌面版操作系统，而且应确保内存足够兼容安装Opencv-Python视觉库。一般情况下，可以通过以下两种方式进行镜像烧录。

（1）通过树莓派官方网站提供的镜像烧录软件 Raspberry Pi Imager 来进行烧录。用户需要根据自己的计算机系统来下载并安装对应的镜像烧录软件。下载完成后，可以在软件左边看到"CHOOSE OS"按钮，图 4-6 所示是 Raspberry Pi Imager v1.6 首页。

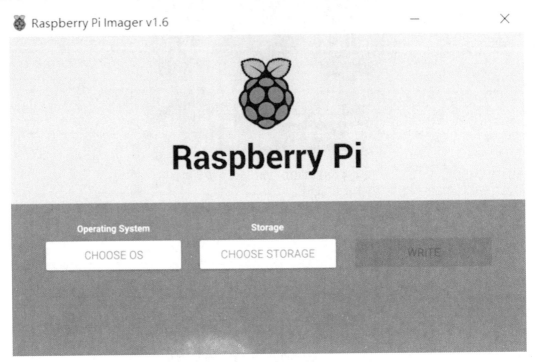

图 4-6　Raspberry Pi Imager v1.6 首页

单击该按钮，可以看到很多供用户下载的 OS 镜像，图 4-7 所示是镜像选择下载界面。

由于 Raspberry Pi Imager 中罗列的所有 OS 镜像中并未包含本次实验需要用到的 macOS 镜像，而且该烧录软件无法通过指定文件具体地址来烧录已经下载好的 macOS 镜像文件，所以本次不使用该烧录方法。

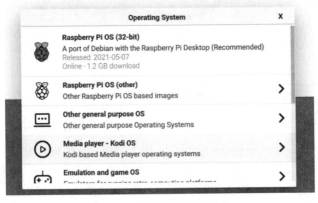

图 4-7　镜像选择下载界面

（2）通过第三方镜像烧录软件 Win32 Disk Imager 来对镜像文件进行烧录。Win32 Disk

Imager 虽然不能推荐和提供可安装的树莓派镜像，但该软件可以通过直接指向已下载的树莓派镜像存放地址来进行安装。图 4-8 所示是 Win32 Disk Imager 操作界面。

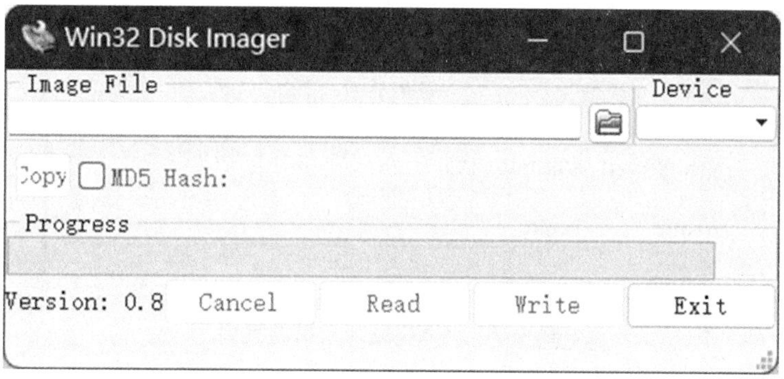

图 4-8　Win32 Disk Imager 操作界面

用户可以在左上方的"Image File"文本框中输入文件地址，以指定要烧录的镜像文件。在右上角的"Device"下拉列表中可以选择需要烧录的 TF 卡，单击下方"Write"按钮，可将 macOS 镜像文件烧录至 TF 卡中。当进度条满了以后，就说明烧录已经成功，单击"Exit"按钮，可退出软件。

虚拟网络控制台(Virtual Network Consol, VNC)是一种实现计算机之间远程连接的平台。在同一 Wi-Fi 下，VNC 可以根据用户在当前网络下的 IP 地址以及自行设定的访问端口号来提供远程连接服务。VNC 通常用于远程控制计算机软件调试或远程修复等，适用于 Windows 和 Linux 操作系统，可以在官网下载到当前最新的版本。本项目使用的树莓派系统为桌面版，可以通过 VNC 输入树莓派当前所处网络的内网 IP，以及操作系统中设定的专用端口号，以进行远程桌面访问，在上位机对树莓派进行连接之前，需要让上位机和树莓派处于同一个 Wi-Fi。通过 VNC 启动树莓派的桌面系统后，利用终端命令启动提前保存在 TF 卡文件夹中的颜色识别系统，就能够通过上位机远程控制树莓派，启动颜色识别功能。图 4-9 所示是树莓派颜色识别结果显示界面。

图 4-9　树莓派颜色识别结果显示界面

图 4-10 所示是 VNC 登录树莓派界面。

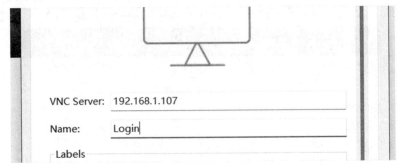

图 4-10　VNC 登录树莓派界面

4.2.4　思政课堂 ▶▶ ▶

思政小故事│江梦南：无声玉满堂

　　江梦南于 1992 年出生在湖南省郴州市宜章县的一个瑶族家庭。父母为她取的这个名字寓意着梦里江南，岁月静好。在半岁时，由于耳毒性药物导致极重度神经性耳聋，江梦南平静美好的生活被打破了。江梦南左耳听力损失大于 105 分贝，右耳听力完全丧失。失去了听力，不仅听不到外界的声音，也听不到自己的发音，就会失去说话的能力。江梦南的父母都是中学教师，为了让江梦南更好地融入社会，父母决定教她学习发音和唇语，而不是手语。

　　正是因为父母的执着，江梦南坚强地跨过了人生中一道道看似不可逾越的鸿沟。通过学习唇语、练习开口说话，江梦南能够与人正常进行交流，也让她可以在普通学校"旁听"课程。由于不能全程看到老师讲课时的嘴型，江梦南在课后通过看板书自学，付出了比同学多几倍的努力。小学毕业，江梦南以全市第二名的成绩考入郴州市六中，开始了异地求学的生活。2010 年，江梦南参加高考，虽然分数超过一本分数线，但她觉得没有发挥好，坚持复读一年。第二年，她以 615 分的成绩进入吉林大学本科药学专业学习。硕士研究生阶段，江梦南选择了吉林大学计算机辅助药物设计作为研究方向。2018 年 8 月 28 日，江梦南走进清华大学攻读博士学位。2022 年 3 月 3 日，江梦南被评为"感动中国 2021 年度人物"。

4.3　系统软件处理

4.3.1　OpenCV 简介 ▶▶ ▶

　　OpenCV 是加里·布拉德斯基(Gary Bradsky)于 1999 年在英特尔公司创立的一个开源的计算机视觉库，当时的加里怀揣着通过计算机视觉和人工智能推动产业发展的美好愿景，启动了 OpenCV 项目。第一版 OpenCV 于 2000 年正式问世。OpenCV 自创立以来便获得了英特尔公司和谷歌公司的大力支持，Itseez 公司(俄罗斯视觉公司，专门从事计算机视觉算法)在 OpenCV 项目设立早期便完成了大部分开发工作，推动了 OpenCV 的发展。2005 年，OpenCV 帮助赛车"Stanley"赢得了 2005 年 DARPA 挑战赛的冠军。在这之后，OpenCV 的发展突飞猛进。OpenCV 现在支持与计算机视觉和机器学习有关的多种算法，并且正在日益扩展。

OpenCV 的一个目标是为用户提供易于使用的计算机视觉接口，从而帮助用户快速建立精巧的视觉应用。OpenCV 库中包含许多算法领域的底层优化程序，同时还包含从计算机视觉的各个领域(包括医学图像处理、安保、工业产品质量检测、交互操作、相机抖动矫正、图像画质算法补强、双目视觉以及机器人视觉等领域)衍生的 500 多个函数。因为计算机视觉和机器学习中的深度学习图像处理经常一起使用，所以 OpenCV 本身也包含一个完备的、具有通用性的机器学习库(ML 模块)。该库聚焦于统计模式识别以及聚类，对 OpenCV 的计算机视觉也相当有用。该库足够通用，可用于各领域的机器学习视觉问题。

▶▶▶ 4.3.2　计算机视觉 ▶▶ ▶

计算机视觉能够将一个静止图像或视频数据转换为一种新的表示方法，这样的转换都是为了达成某种特定的目的而进行的。输入的数据可能包含一部分场景信息，如"循迹小车摄像头捕获到前方一米有根柱子"，而新的表示方法包括将一个彩色图像转换为黑白图像，或者消除一张照片中的人物背景后产生的各种噪点。

当人在观察一个物体时，大脑将视觉信号划分成多个通道，不同的信息可以分别传输给大脑的不同部位进行处理。对于机器视觉系统而言，计算机获取图像的方式是从存储空间或摄像头接收栅格状排列的数字。机器视觉系统中不存在一个预先建立的模式识别机制，无论计算机"看见"什么图像，都是一串栅格状排列的数字，且附带大量噪点，并非一个"干净"的数字网格，这导致每个数字最后只能提供少量的信息。要让计算机视觉为人服务，就必须在处理这些数字序列时突破二维捕捉三维的限制，同时对产生影响的噪点进行消除。想要达到这种效果，场景学习和设立判断条件进行建模是必不可少的。

OpenCV 的作用便是为计算机视觉提供解决问题的工具。在一些情况下，使用函数库可以有效解决计算机视觉中的问题，即使不能一次性解决，函数库中的基础组件也可以提供多种解决问题的方案，以应对各种计算机视觉上产生的问题。

OpenCV-Python 是用于解决计算机视觉问题的 Python 专用库。OpenCV 支持多种语言的开发与使用，而 Python 作为当今机器学习领域的流行语言，它的简洁和代码的高可读性令其深受广大学习者的喜爱。它使程序员可以用较少的代码来表达复杂的功能想法，且不会降低程序的可读性。比起 C/C++，Python 的执行速度相对较慢。但是 C/C++能够轻松拓展，通过 C/C++编写计算密集型代码，并创建可用作 Python 模块的 Python 包装器，使 Python 可以使用 OpenCV 函数库，而且在编译代码时，能和 C/C++的速度达成一致。在同一速度的基础上，由于 Python 的语法简洁，写出的代码会比用 C/C++写出的更加简洁。OpenCV-Python 便是原始 OpenCV C++实现的 Python 包装器。

▶▶▶ 4.3.3　系统总体设计 ▶▶▶ ▶

颜色识别系统需要每一个部分既能够独立实现功能，整合在一起后又能实现整体的功能。图 4-11 所示是总体程序流程图，图 4-12 所示是颜色追踪流程图。

当树莓派接通电源以后，上位机需通过树莓派内置 IP 和端口号与树莓派实现远程连接，从而进入树莓派的桌面。通过树莓派的终端命令行启用代码文件，进入颜色识别系统，对摄像头参数进行初始化，并开始进行颜色识别。识别到目标会显示在摄像头屏幕上，显示的颜色结果与坐标参数会随着不同的目标发生改变。

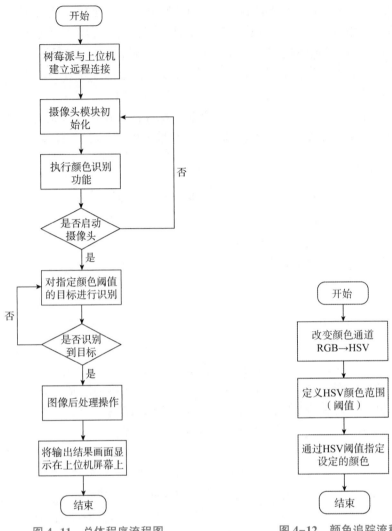

图 4-11　总体程序流程图　　　　图 4-12　颜色追踪流程图

当颜色对象被检测到后，需要对其颜色进行识别。在识别之前，摄像头会获取物体图像信息，传输给处理器进行图像处理。根据定义的卷积核大小，可以在一定范围内判断识别目标的数量。卷积核越大，能处理的图像面积越大，相对能识别的物体越少。为了使获取的目标更加精确，色彩提取准确度更高，卷积核可以设定得相对大一些，也为后续形态学处理消除噪点做好铺垫。通过形态学操作对图像噪点进行消除后，获得了背景更加干净的图片。对图片进行二值化处理，得到黑白图像，方便下一步进行轮廓查询，得到识别对象的具体坐标信息。所有处理完成后，对识别对象的颜色信息和坐标信息进行打印，程序如下。

```
def green_blob_video(frame):
#定义形态处理用的卷积核
    #通过数组创建图像大小
    kernel_2=np. ones((3, 3), np. uint8)    # 2×2 的卷积核
    kernel_3=np. ones((5, 5), np. uint8)    # 3×3 的卷积核
```

```
kernel_4=np. ones((8, 8), np. uint8)    # 4×4 的卷积核
kernel_8=np. ones((30, 30), np. uint8)    # 8×8 的卷积核
#设定 HSV 颜色阈值范围
Lower_green=np. array([35, 55, 46])
Upper_green=np. array([70, 255, 255])
green=[Lower_green, Upper_green, ' green' ] #绿色阈值

hsv=cv. cvtColor(frame, cv. COLOR_BGR2HSV) # 把 RGB 格式转换为 HSV 格式
color=green #指定检测颜色
if color[2]==' green' :
    mask_hsv=cv. inRange(hsv, color[0], color[1]) # 设置 HSV 阈值,获得绿色
    # 开操作处理(侵蚀后扩张)
    erosion=cv. erode(mask_hsv, kernel_2, iterations=1)
    erosion=cv. erode(erosion, kernel_3, iterations=1)
    erosion=cv. erode(erosion, kernel_4, iterations=1)
    dilation=cv. dilate(erosion, kernel_2, iterations=1)
    dilation=cv. dilate(dilation, kernel_3, iterations=1)
    dilation=cv. dilate(dilation, kernel_4, iterations=1)
```

图像二值化操作是常用的图像处理方法之一，它可以有效地将光亮区域与暗色区域的像素色值最大化，将彩色图像转换为黑白图像。在进行二值化操作前，需要设定一个作为黑白图像分割值的阈值。当输入图像的像素值大于这个阈值时，该像素值将会最大化处理；当像素值小于该阈值时，则会将像素值降为 0。通常采用 127 作为分割黑白区域的颜色阈值。由于先前改变了颜色通道，开启了颜色追踪功能，图像的背景已自动转化为黑色，而被测物始终保持已有的颜色状态。当对图像进行二值化处理时，根据设定的二值化分割阈值，黑色区域的像素值低于该阈值，自动将像素值降为 0，而保留有原有颜色的区域，因为像素值大于分割阈值，所以被测物体的像素值将会被放大到最大像素值 255，并转化为白色。物体与背景经过二值化处理后，有效地分割成两个颜色区域，为之后的轮廓寻找操作提供方便。输出物体坐标的程序如下。

```
ret, binary=cv. threshold(dilation, 127, 255, cv. THRESH_BINARY)

cnts=cv. findContours(binary. copy(),cv. RETR_TREE,cv. CHAIN_APPROX_SIMPLE)  # 轮廓绘制
cnts=imutils. grab_contours(cnts)  # 寻找轮廓
green_list=[]
for c in cnts:
    M0=cv. moments(c)
    car_video_location=[int(M0["m10"] / M0["m00"]), int(M0["m01"]/ M0["m00"])] # 识别目标当前
坐标位置
    cv. circle(frame, (car_video_location[0], car_video_location[1]), 7,(0,255,0), - 1)
```

```
        cv. putText(frame,"green",(car_video_location[0]- 20,car_video_location[1] - 20), cv. FONT_
HERSHEY_ SIMPLEX, 0. 5, (0, 255, 0), 2)
        # cv. rectangle(frame,(420, 420), (500, 500), (0, 0, 255), 10) # 画框
        #cv. imshow("Image", frame)
        green_point=[int(M0["m10"] / M0["m00"]), int(M0["m01"] /M0["m00"])] # 输出坐标值
        green_list=green_point + green_list
        # cv. putText(frame, "坐标为: % d % d"    &(int(M0["m10"] /M0["m00"]),int(M0["m01"]/M0
["m00"])),(430,430),cv. FONT_HERSHEY_SIMPLEX, 1, (255,255,255), 2)
        return green_list
```

轮廓可以理解为是在规则或不规则的具有相同颜色或强度的边缘，由连续的点形成的一条直线或曲线。轮廓寻找可以判断被测物形状从而识别。在进行轮廓寻找时，被测物的边缘会被视作轮廓，若被测物的颜色区域内有其他颜色存在，轮廓函数会将其视作不属于被测物的颜色，将该区域的边缘单独作为一层轮廓，这类轮廓被称为子轮廓（子节点）。若一个轮廓中包含其他的子轮廓，那么包含了所有子轮廓的轮廓被称为父轮廓（父节点）。这些轮廓构成了一个完整的轮廓树。由于先前进行了图像开操作处理和二值化操作，图像的背景以及被测物的整体颜色范围内的所有噪点都已被消除，所以被测物内不存在可以为之构建子轮廓的噪点，只存在一个干净的白色区域。当对被测物进行轮廓寻找时，最终只会发现被测物的整体边缘所形成的轮廓，而这个轮廓也由于开操作的处理，成为一个较规则的形状，为后续对被测物的坐标位置计算打下基础。在 OpenCV-Python 库中，可调用以下函数进行轮廓寻找操作。

```
cv2. findContours(thresh, cv2. RETR_TREE, cv2. CHAIN_APPROX_SIMPLE)
```

该函数有 3 个参数，分别为输入的二值化图像、轮廓树检索模式、轮廓边缘最小值逼近方法。后两者也属于 OpenCV-Python 库的函数，仅需调用即可使用。第三个参数用于检测不规则图像边缘轮廓，当一个边缘处于不规则状态时，可以将凸起（或凹陷）的两个起点直接连接，再与凸起（或凹陷）的顶点连接，形成一个三角形区域。整体轮廓是所有轮廓相加而成的 Python 表，每一个轮廓点都是一个作为(x, y)坐标值的 NumPy 数组边界点的对象。将这些坐标连接后，可以得到一个由连续的轮廓点组成的不规则边缘的轮廓。

▶▶▶ 4. 3. 4　思政课堂 ▶▶ ▶

思政小故事｜谢军：与时间赛跑的北斗三号卫星首席总设计师

2020 年 6 月，北斗三号全球卫星导航系统的最后一颗卫星发射成功，北斗全球卫星导航系统全面部署完成。谢军与北斗的故事很早就开始了。1982 年，谢军大学毕业后就投身航天工业，参与了"东方红二号"通信卫星、"风云二号"气象卫星、"海洋二号"卫星等国家重大航天工程，并用了 3 年多的时间，让北斗卫星用上了我国自主研制的精准的原子钟。2004 年，谢军担任北斗二号导航卫星总设计师。在北斗三号卫星研制过程中，谢军团队创造性地实现了卫星批量化生产，仅用 1 年零 14 天的时间，将 19 颗导航卫星送入太空，创造了航天史上的新纪录。谢军曾获部级科技成果一等奖 1 次，三等奖 2 次；2009 年获航天奖；2010 年被评为中国航天科技集团公司学术技术带头人；2010 年获年度航天功勋奖；2012 年

获全国十佳优秀科技工作者提名奖，并当选俄罗斯宇航科学院院士；2019年被评为"2019·科技盛典"科技人物，2019年度中国经济新闻人物。2020年12月，谢军被国资委党委授予第五届"央企楷模"称号。2021年2月17日，谢军被评为"感动中国2020年度人物"。

"滴答，滴答，中国在等待你的回答。""你的夜晚更长，你的星星更多，你把时间无限细分，你让速度不断压缩。""三年一腾飞，十年一跨越。"当第五十五颗吉星升上太空，北斗照亮了全中国人的梦。

4.4 系统综合测试

▶▶▶ 4.4.1 软件测试 ▶▶ ▶

图4-13所示是单目标颜色识别程序调试图。

图4-13 单目标颜色识别程序调试图

本项目通过逻辑条件，设定被测物数量。当被测物被摄像头捕获后，显示的数量小于或等于3时，系统可以显示3个被测物对应的颜色和坐标信息。如果被测物的数量大于3，系统将不会显示被测物的坐标。也就是说，在摄像头的捕获范围内，最多只能存在3个相同颜色的被测物体。

根据数组设定图像卷积核大小，在进行图像颜色通道转换和开操作处理后，系统会在指定的范围内寻找对应的颜色目标。由于卷积核增大（如15×15的卷积核），卷积的面积变大，后处理区域范围扩大，摄像头能捕获的区域相对减少了其他物体在相同区域内的停滞时间，获取到的颜色区域将会减少。若创建的卷积核较小（如3×3~8×8的卷积核），在指定的范围内，摄像头能够获取的颜色目标增多，但由于已经超过了3个被测物的限制，所以还是不会显示被测物的具体坐标。图4-14所示是3×3~8×8（小卷积核）的图像识别结果。

图 4-14　3×3~8×8(小卷积核)的图像识别结果

　　虽然系统优先针对同一颜色的物体进行识别，但用户可以通过设定多种颜色阈值来自行创建函数，从而对每一个需要识别的颜色单独进行后处理操作，并设定对应坐标的窗口显示位置，以及判定点和识别标签的颜色。只需要调用这几个设定好的颜色函数，即可实现多颜色物体捕获的目标。颜色函数创建得越多，识别的颜色也越多。图 4-15 所示是多颜色识别结果。

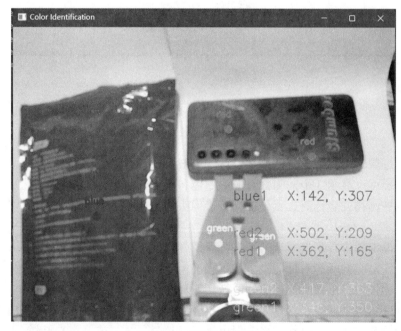

图 4-15　多颜色识别结果

　　本项目是基于 OpenCV-Python 库开发的一款颜色识别系统，其大部分功能都是通过调用视觉函数库来实现的。本系统可以精确捕获设定颜色阈值后的物体，但由于光线与距离的影响，本系统不能识别因表面过于平滑而导致较大反光的物体。若要调整距离带来的影响（如距离过远无法识别等情况），需要时刻调整卷积核的大小，以控制对被测物体背景的覆盖面积。

▶▶|4.4.2　思政课堂 ▶▶▶

思政小故事|国测一大队：不畏艰险丈量祖国山河，六十多年不改初心

　　2020 年 5 月，国测一大队第 7 次测量珠峰高度，最终测定珠穆朗玛峰的最新高程为 8848.86 米，向世界展示了我国测绘科技的巨大成就。

　　2 测南极，7 测珠峰，39 次进驻内蒙古荒原，52 次深入高原无人区，52 次踏入沙漠腹地……自 1954 年建队以来，国测一大队徒步行程累计达到 6 000 多万千米，相当于绕地球 1 500 多圈。国测一大队的历史，就是一部挑战生命极限的英雄史。建队以来，有 46 名队员牺牲，还有许多无名英雄默默奉献。

　　六十多年来，吃苦是传家宝，奉献是家常饭。为国家苦行，为科学先行，穿山跨海，经天纬地，国测一大队队员的身影是插在大地上的猎猎战旗。

参 考 文 献

[1] 乌力吉图, 王佳晖. 工业物联网发展路径: 西门子的平台战略[J]. 南开管理评论, 2021(5): 94-104.

[2] 王万良, 张兆娟, 高楠, 等. 基于人工智能技术的大数据分析方法研究进展[J]. 计算机集成制造系统, 2019(3): 529-547.

[3] 肖琳琳. 国内外工业互联网平台对比研究[J]. 信息通信技术, 2018(3): 27-31.

[4] 彭能松, 张维纬, 张育钊, 等. 基于时间序列数据的无线传感器网络的异常检测方法[J]. 传感技术学报, 2018(4): 595-601.

[5] 谭方勇, 王昂, 刘子宁. 基于ZigBee与MQTT的物联网网关通信框架的设计与实现[J]. 软件工程, 2017(4): 43-45.

[6] 王喜文. 工业4.0让智慧城市成为智能社会的载体[J]. 物联网技术, 2016(7): 3-4.

[7] 陈滴, 张美平, 许力. WSN应用层协议MQTT-SN与CoAP的剖析与改进[J]. 计算机系统应用, 2015(2).

[8] 姜妮, 张宇, 赵志军. 基于MQTT物联网消息推送系统[J]. 网络新媒体技术, 2014 (6): 62-64.

[9] 余宇峰, 朱跃龙, 万定生, 等. 基于滑动窗口预测的水文时间序列异常检测[J]. 计算机应用, 2014(8): 2217-2220, 2226.

[10] PONTOH RESA SEPTIANI, ZAHROH S, NURAHMAN H R, et al. Applied of feed-forward neural network and facebook prophet model for train passengers forecasting[J]. Journal of Physics: Conference Series, 2021(1).

[11] DEVARSHI SHAH, JIN WANG, Q PETER HE. Feature engineering in big data analytics for IoT-enabled smart manufacturing – Comparison between deep learning and statistical learning[J]. Computers and Chemical Engineering, 2020(prep).

[12] BUNRONG LEANG, SOKCHOMRERN EAN, GA-AE RYU, et al. Improvement of Kafka Streaming Using Partition and Multi-Threading in Big Data Environment[J]. Sensors, 2019 (1).

[13] CAI HONGMING, XU BOYI, JIANG LIHONG, et al. IoT-Based Big Data Storage Systems in Cloud Computing: Perspectives and Challenges[J]. IEEE Internet of Things Journal, 2017(1).

[14] 任亨. 基于MQTT协议的消息推送集群系统的设计与实现[D]. 北京: 中国科学院研究生院(沈阳计算技术研究所), 2014.

［15］熊保松，李雪峰，魏彪. 物联网 NB-IoT 开发与实践［M］. 北京：人民邮电出版社，2020.

［16］江林华. 5G 物联网及 NB-IoT 技术详解［M］. 北京：电子工业出版社，2018.

［17］高泽华，孙文生. 物联网-体系结构、协议标准与无线通信［M］. 北京：清华大学出版社. 2020.

［18］Quectel_BC35-GBC28BC95-R2. 0 系列_AT 命令手册_V1.1，上海移远通信技术股份有限公司。

［19］小熊派硬件使用指导手册 V1.4，南京小熊派智能科技有限公司。

［20］小熊派通信板技术文档 V1.1，南京小熊派智能科技有限公司。

［21］STM32L431 中文寄存器手册，意法半导体有限公司。

［22］Quectel_BC35-G_硬件设计手册_V1.2，上海移远通信技术股份有限公司。

［23］bh1750FVI 中文数据手册，盛世物联传感技术开发有限公司。

［24］唐圣学，刘波峰，徐东峰. 基于模糊神经网络的颜色识别方法［J］. 传感器技术，2003（11）：57-59.

［25］蔺志强，孟令军，彭晴晴. 基于 ADV7180 的视频图像实时采集系统的设计［J］. 电视技术，2011(17)：36-38.

［26］黄智辉，李榕. 基于 FPGA 的颜色识别触摸屏系统的设计与实现［J］. 现代电子技术，2015(10)：61-64.

［27］刘鹤. 数字图像处理及应用［M］. 北京：中国电力出版社，2006.

［28］刘庆堂，王忠华，陈迪. 数字媒体技术导论［M］. 北京：清华大学出版社，2008.